信頼できる**AI**への
アプローチ

AI活用で踏まえておきたい**9**つのチェックポイント

Deloitte AI Institute

著 Beena Ammanath

監訳 森　正弥・神津友武

訳　清水咲里・山本優樹・大音竜一郎
　　老川正志・中島拓海

共立出版

Trustworthy AI:
A Business Guide for Navigating Trust and Ethics in AI
by Beena Ammanath

監訳者まえがき
（日本語版発行に向けて）

　近年の人工知能（AI）の躍進には目を見張るものがあります。特に2022年における、一連の生成AI（Generative AI）の登場は、その驚異的な性能で世界中を驚かせました。OpenAI社によるDall-E2、David Holz（デイビット・ホルツ）氏ら研究チームによるMidjourney、Stability AI社によるStable Diffusionといったテキストからプロ級の絵を生成するAIが次々にリリースされ、単なる文言の羅列からプロ級の高度な絵が生みだされていくさまは、まるで「現代の魔法」と評されました。また、11月にOpenAI社によりプロトタイプとして公開された人工知能チャットボットであるChatGPTは、幅広い分野の質問に詳細な回答を生成できることから注目を集めました。単なる質問への回答だけでなく、文書の添削・構成、概念の要約やブレーンストーミング、論点の洗い出しやアイデアの提案、さらにはプログラムの生成までを可能にするその汎用性は大きなインパクトを人々にもたらし、わずか2カ月の間に1億人のユーザーを獲得するに至っています[a]。ディープラーニングの再発見からちょうど10年。進化し続けてきたAIの性能を多くの人々が目にし、驚嘆し、毎日のように人口に膾炙するようになってきていました。

　このようにAIの劇的な進化に驚かされていますが、一歩さがって改めて振り返ってみると、AIはこの10年の間に社会の隅々において広く使われるようになってきました。様々なタスクにおける機械学習、ディープラーニングの高いパフォーマンスの達成により、AIは幅広い産業で用いられるようになっています。自然言語処理、パターン認識、画像認識、音声認識、機械翻訳、ロボ

---

a　"ChatGPT reaches 100 million users two months after launch" *The Guardian* https://www.theguardian.com/technology/2023/feb/02/chatgpt-100-million-users-open-ai-fastest-growing-app

ティクス、多様な機能が従来にない精度で実現され、気がつけば、いまや医療における診断から都市エネルギーの最適化まで生活のあらゆる面に関わる形で、大企業やスタートアップによる AI 活用のニュースが相次いでいます。

実は、数年前までの多くの日本企業においては、AI の活用は限定的であり、その前提でもあるデータの収集と分析もなかなか進んでいないのが実態でした。各企業では DX（デジタルトランスフォーメーション）の一環として AI の広範な応用が検討され、実証実験も盛んでしたが、実験止まりということも少なくなく、「PoC（Proof of Concept：概念実証）疲れ」なる用語も定着していました。

しかし、状況は変わりつつあります。Deloitte の実践的な AI 研究組織である Deloitte AI Institute がグローバルで実施した「グローバル AI 活用企業動向調査 第 5 版（State of AI in the Enterprise 5th Edition）」[b]によると、日本においても、企業活動や組織活動における競争力の源泉として、また重要な戦略的施策として AI を積極的に活用する動きが始まっていることがわかっています。事例としても、小売業におけるリアルタイムでの売上予測と最適化、通信業におけるネットワーク設計・運用、プラント設備におけるデジタルツインの実現といった専門性を有する業務への高度な適用が見られてきています。単なる自動化による効率化やコスト削減といった応用を越えて、AI を活用した産業プラットフォームの構築による、ビジネスパートナー企業を巻き込んだエコシステム形成などの例もあり、新たな社会価値創出につながる形で、その取り組みのアプローチも幅が広がってきています。先進的な企業の中には、はやくも Stable Diffusion を用いてコンテンツ制作を効率化したり、ChatGPT を用いた多様なユースケースの中で、自社の様々な業務をアップグレードしていき、成果を出しているところもあります。

活用に向けて肝となるポイントはいくつかあります。AI はたとえるなら競争優位性確立に貢献するエンジンと言えます。エンジンによって前に進むためには、自社が目指す、企業としての目的地を示すリーダーシップがまず必要で、

---

b 「グローバル AI 活用企業動向調査 第 5 版（State of AI in the Enterprise 5th Edition）」Deloitte AI Institute，https://www2.deloitte.com/jp/ja/pages/about-deloitte/articles/ai-institute/state-of-ai-2022.html

そこに向かって進むことを可能にする組織文化の醸成が大切になります。また
エンジンの推進効果を高めるためには、ChatGPT の活用を検討している企業
のように自社の業務を変革するユースケースや、変革を厭わないチェンジマネ
ジメント、それに貢献できる人材も鍵を握っています。

　ですが、大切なポイントはそれだけに留まりません。なぜなら、AI 活用には
陥りがちな落とし穴もあるためです。例えば、自社で開発した需要予測 AI が、
時間の経過によりその精度を知らず知らずのうちに劣化させてしまい、大きな
販売機会を逃してしまうかもしれません。また、パーソナライズを行う AI の
学習に用いていた顧客データが特定の地域に住んでいる層に偏っていたため
に、顧客の住んでいる地域によってサービスが異なる差別的な対応をしてしま
っているかもしれません。さらには、画像認識で不良品の判定をしていた品質
検査 AI が、悪意ある操作により判断ミスを犯して不良品の出荷を許してしま
い、危険な事故を誘発してしまうかもしれません。AI の積極的な活用を進め
ていくにあたっては、リスクへの対応も求められます。戦略的活用を進めるた
めの施策だけではなく、守りの部分、ガバナンス体制を含めた対応が重要です。

　本書は、Deloitte AI Institute のグローバル・マネージング・ディレクターで
ある Beena Ammanath（ビーナ・アマナス）が執筆した書籍 *Trustworthy AI*
（信頼できる AI）の邦訳です。信頼できる AI をいかに実現していくか。ある
いは、AI をいかに信頼できるものとして活用していくか。そのためのガイド
ラインとなるフレームワークを紹介しています。

　フレームワークには以下の項目が含まれます。「公平性と中立性（Fair and
Impartial）」、「堅牢性と信頼性（Robust and Reliable）」、「透明性と説明可能性
（Transparent and Explainable）」、「セキュリティと安全性（Secure and Safe）」、
「プライバシー（Privacy）」、「アカウンタビリティと責任（Accountable and
Responsible）」。いずれも企業や組織が AI の取り組みを進めていくにあたって
の重要な観点であり、AI を用いた効果的オペレーションや競争力創出のため
の基礎となるものです。しかし、このすべての観点に網羅的に対応しないとい
けないということではありません。AI のユースケースに応じてどのようなリ
スクがあるのかを識別し、必要となる観点を踏まえた対処を行うことがガバナ
ンスの要諦です。そういう意味で、本書で挙げられている項目ごとの留意点

は、どの段階に位置する企業、組織にとっても、安全かつ確実にAI活用を進め
て成果を出すための助けになるでしょう。

　これからもAI技術の進化は続きます。今後数年は、従来のユースケースに
加えて、生成AIによる創作活動や知的生産への変革も大きなテーマになるで
しょう。今までAIの適用がされてこなかった分野も対象に、社会の広範囲な
領域でAIが活用されていくことでしょう。本書が、読者にとって、生成AIを
含むAIの活用を進めるためのヒントとなれば幸いです。

Deloitte Tohmatsu Group パートナー

Deloitte AI Institute 所長　森正弥

序文

　世の中には 2 種類の組織があります。AI（人工知能：Artificial Intelligence）を原動力としているものと、いずれ AI を原動力とするようになるものです。将来的には官民すべての組織が AI を活用する組織となることでしょう。組織の効率性、アジリティ、競争力、そして成長が、AI をうまく活用できるかどうかにかかっていることは、もはや 21 世紀の常識といえるでしょう。これは好ましいことであり、その期待価値は何兆ドルにものぼります。

　ただしこの明るい未来には注意が必要です。この技術が確固たる倫理的基盤の上に成り立っていない限り、世界を変えるようなソリューションを生み出し、想像しうる限りの有益な目的のために AI を利用することはできないのです。AI の機能や使い方を人間の価値観と整合性がとれたものにするために私たちが今何をするかが、今後数十年にわたるこの変革的なテクノロジーの道筋を決めることになるのです。

　私はこれまで、世界各国の政府や企業のリーダーたちと話す素晴らしい機会に恵まれてきました。AI の倫理と信頼に関する問題は、各企業の経営会議や企業間の話し合い、そして議会や公共の場などで議論されています。このような議論を通じて私が認識したことは、1 つには、AI の活用における倫理と信頼の問題意識が高まっていることで、また、その一方で、このような問題意識が、そもそも AI を使うべきかどうかという懸念をも引き起こしているということです。これは、AI の技術的機能や社会的影響に対する正当な懸念であると同時に、AI を導入する組織が取り組むべき根本的なニーズを示唆しています。

　人々はできれば AI を信頼したいと願っています。

　私たちはきっとその状態にたどり着けるはずです。ただしそのためには、

個々の企業だけでなく、世界全体を信頼できる AI への道へと導くための重要な決断と行動が必要です。

　今日、ますます多くのリーダーたちが、私たちがこの世界に生きる者として、AI の倫理について目的意識を持って行動しなければならないこと、そしてそれをやるのは今であることに気付きつつあります。その行動により、リスクを最小限に抑え、技術への信頼を最大限に高め、AI がもたらす明るい未来に向けて発展することができるのです。ようやく AI の力が発揮されようというときに、倫理や信頼を優先させることはイノベーションの妨げになるのではないかと考える人もいるかもしれません。しかし、私はむしろその逆だと考えています。最もパワフルで有益な AI のイノベーションとは、私たちの倫理観や価値観に合致したものです。私たちが信頼できないものを使うわけにはいきません。私たちは、AI の発展を押し進めるために、コグニティブツール[a]を信頼できるようになる必要があります。

　ただ、（AI の倫理と信頼についての）必要性は明らかなものの、信頼性に対処するための戦術や知識はそれほど明らかではありません。AI の活用に関わる倫理観とは何なのでしょうか。人工知能を信頼するとはどういうことなのでしょうか。革新的な AI に倫理を組み込むための障壁、落とし穴、そして大いなる好機はどこにあるのでしょう。このような問いかけや同様の問いかけの声はますます大きくなっていますが、結局のところ、AI ツールが強力で、価値があり、信頼できるものになるにはどうしたらいいのかという問いに行きつきます。

　良くも悪くも、この問いに対する答えは1つではありません。考えられる答えは何通りもあるのです。あらゆる組織は社会の中で活動し、道徳、倫理、技術応用の基準に関する見解や法律は、組織が活動するコミュニティ、国家、地域によってまったく異なることがあります。ある場所で信頼に足るとされることが、別の場所では通用しないこともあります。ある業界では優先される倫理が、違う分野では二の次、三の次になってしまうこともあります。まったく同じビジネスがふたつ存在することはないわけですから、AI の倫理と信頼のた

---

a　訳注：与えられた入力を処理するだけの単純なアプリケーションではなく、人間のように自ら理解、推論、学習できるアプリケーションやシステムのことを意味する。

めのフレームワークも同じではないのです。

　しかし、幸いなことに、信頼できる AI の世界共通のルールを決める必要はありません。必要なのは、キーとなる問いと優先事項を示し、必要不可欠な用語と概念を定義し、AI のライフサイクル全体を通じた目標と道しるべを示し、ビジネス戦略と人員を倫理的 AI を支持する方向へ導くという明瞭で確かなフレームワークなのです。

　本書は、その取り組みのための重要な武器になります。著者の Beena Ammanath（ビーナ・アマナス）は熟練した AI の専門家です。AI について楽観的である彼女が説く教訓や洞察は、技術者としての豊富な経験や、多くの産業分野で活躍する経営者としての経験から生まれたものです。本書で Beena は皆さんが雑音に惑わされることなく、AI を活用した信頼できる未来のために組織が必要とする知識と実践的なステップを見出すことを手助けします。

　本書では、AI の倫理と信頼に関する様々な側面とそれらが投げかける問い、組織にとっての優先事項、そして信頼できる AI ガバナンスに資するいくつかのベストプラクティスを明らかにしています。本書での、信頼に関して熟慮された考察を通じた 1 つの教訓は、企業のリーダーは「みんな AI を使っているから、自分たちも使わないといけない」という考え方に抗うべきであるということです。「急いては事を仕損じる」（Fools rush in）ということわざのようにならないように、AI を活用する際には、自組織が AI を使えるかどうかだけではなく、使うべきかどうか、使うのであれば倫理的にどうすべきかという点に重点を置いて、信頼性について慎重に検討することが必要です。

　本書を読みながら、その教訓や洞察が、自社の AI 活用計画の策定にどのように役立つかを考えてみてください。必要な目標、ユースケース、アプリケーション、管理、教育、および方針を考え、信頼の次元がそれらとどのように影響を及ぼし合うかを考えましょう。本書は、AI の強力な倫理的基盤を構想し、これらの強力なツールに確信と信頼を抱かせるための計画とプロセスを明らかにするのに役立ちます。

　AI の能力と適用範囲は急速に拡大しており、そのスピードは多くの人が認識しているよりもさらに速いものとなっています。AI がもたらす恩恵を最大限に享受し、問題を軽減するために、私たちは信頼できる AI の旗幟を掲げ、そ

れを携えて AI との壮大な新時代に突き進まなければなりません。

Kay Firth-Butterfield

World Economic Forum（世界経済フォーラム）

Artificial Intelligence and Machine Learning 責任者

まえがき

　人類の歴史には明らかなターニングポイントがいくつかあり、私たちは今その真っ只中にいます。人工知能（Artificial Intelligence: AI）は、私たちの目の前で息もつかせぬ速さで世界を変えようとしています。社会のいかなる領域も、市場のいかなるセグメントも、AIと無縁ではいられません。この変革は、私たちがこれまでに編み出したどのテクノロジーよりも、最もポジティブなインパクトをもたらす可能性を持っています。こうした状況は、明るい展望と刺激に満ちたものです。AIの時代が到来したのです。

　今日では、例えば、ジェットエンジンの故障を予測して、安全性を向上させたり、事故を未然に防いだりすることができるようになりました。医療では、病気を早期に発見し、患者の治癒の可能性を高めることができます。陸、海、空、そして宇宙では、自動運転による輸送手段が進化を遂げています。そして、ビジネスにおけるあらゆる場面で、新たな価値を持つ強力なソリューションが提供されています。より迅速な顧客サービス、リアルタイムの計画の調整、サプライチェーンの効率化、さらにはAIの技術革新そのものも、現在広く展開されているコグニティブツールによって劇的に変化し、改良されました。

　AIがこれほどまでに盛り上がった時代は、間違いなく過去にありません。一方で、期待や可能性の高まりと対照的に、AI倫理への関心はそれほど高まってはいません。世間の関心を集めているのは、AIの認知バイアスを問題視し、特定のケースをことさらに取り上げて、ネットユーザーを煽るような見出しばかりです。AI倫理と信頼に関する議論でそのような雑音が多いと、AIの力に見合った信頼を担保する方法について検討したり意見形成をしたりすることを妨げます。

　企業での業務経験がある人なら誰でも、新しいテクノロジーを取り入れる際につきものの難しさを知っているでしょう。技術の導入、トレーニング、設備投資、業務プロセスの見直しなどを考えると、テクノロジーで価値を実現することは簡単なことではありません。ましてや、倫理や信頼といった漠然とした概念を同時に追求することは、非常に大変なことです。

　しかし、それでも、企業はこれらの課題に取り組まなければいけません。幸いなことに、明るい材料はいくらでもあります。AIにおける信頼と倫理への取り組みは決して遅れているわけではなく、まさに今が行動を起こすべきときであるということなのです。その問題意識が、本書執筆の発端でした。

　人類がイノベーションを前にして、倫理面での未知との遭遇をするのは、今に始まったことではありません。したがって、私たちは、技術、倫理、そして私たちが使う技術に対する信頼というニーズを調和させる方法を編み出せるはずです。解決策は、私たちに見つけられるのを待っていると言えるでしょう。

　しかしながら、信頼できるAIという問いに対して、単一の解決策や万能の答えは決して存在しないでしょう。AIの開発に従事しているとしても、あるいは単にAIを使っているとしても、組織的な観点から、すべての企業は、自社にとって信頼できるAIとは何かを見極め、そのビジョンに沿って設計、開発、展開することが求められます。

　AIにできること（そして将来できるようになること）を考えると、つい夢中になってその可能性を追求してしまうのを抑えられないことがあります。一方で、稚拙なAI倫理がもたらす好ましくない結果を考えると、懸念ばかりが先立ってしまうこともあります。AIの進化の道は、このふたつの相反する気持ちの中間にあります。すなわち、使用するツールが人間の価値感をきちんと反映するように細心の注意を払いつつ、AIがもたらす最大の便益獲得を目指すのです。

　AI倫理に関する議論でしばしば挙がる問題点は、それがビジネスリーダーの優先課題とあまり関連性を持って考えられていないことです。私たちは皆、人種差別的なチャットボットや、汎用人工知能に関する憶測レベルの不安について、多くの情報を目にしてきました。しかし今必要なのは、ビジネスの意思決定や複雑な企業機能に関わるAIの信頼性についての活発な議論なのです。

企業で使用される AI モデルは、一般的に議論されているものよりもはるかに多様であり、事業部門を超えた多数のステークホルダが存在し、それぞれが AI に関する異なるニーズ、目標、懸念を持っています。

　本書では、抽象的な話に終始しないよう、高精度な製造業を営む架空の企業を例にとって話を進めることにします。本書の中だけに登場する BAM 社は、米国に本社を置き、3 つの地域と 6 ヵ国に製造工場を持ち、年間約 40 億ドルのビジネスを行っています。現実世界の大企業のリーダーたちと同じように、BAM 社の経営者たちも AI から得られる価値を享受しつつも、信頼できる AI（Trustworthy AI）をめぐる不確実性に直面しています。

　各事業部門は、より高い生産性と成功を目指しています。AI ツールが導入されるにつれ、問題の発生を未然に防ぎ、万が一問題が発生した場合でもそれを是正する方法について、経営幹部は意思決定を行う必要に迫られます。このようなビジネスリーダーの視点に立って、あらゆる組織が AI を活用した企業へと発展する過程で遭遇する困難な局面を探りましょう。

　信頼と倫理について検証する以下の章では、BAM 社を実験台として、ビジネス環境における信頼性の高い AI の課題を探ります。この会社の AI の物語を追いながら、この会社が直面している問題は世界中の企業で生じていることを念頭に置いてください。現実的に、経営陣が AI の課題に直面しているものの、解決策を見出すためのツールが足りていないケースが多々あります。

　解決策は必ず見つかります。本書はそれを見つける道標を示すものとなるでしょう。経営者、技術者、倫理学者、エンジニア、ユーザーなど、AI のライフサイクルに関わるすべての人が、本書の各章を通して、信頼できる AI で未来を開拓するための視点、問い、そして次にとるべきステップを見つけられることでしょう。

著者謝辞

　本書は、多様な業界における数十年にわたる専門的な経験、研究、応用の成果であり、これまでの過程で貴重な見識と支援を賜った多くの方々に感謝と謝辞を述べさせていただきます。

　まず、この重要な書籍の出版に意欲を示し、その実現に尽力してくれたWiley 社に感謝申し上げます。

　また、同僚の Nitin Mittal, Irfan Saif, Kwasi Mitchell, Dave Couture, Matt David, Costi Perricos, Kate Schmidt, Anuleka Ellan Saroja, David Thogmartin, Jesse Goldhammer, David Thomas, Sanghamitra Pati, Catherine Bannister, Masaya Mori, Gregory Abisror, Michael Frankel にも心からの感謝とお礼を申し上げます。

　過去数年にわたり、本書にまつわる洞察の提供や議論につきあっていただいた同僚や友人である Lovleen Joshi, Archie Deskus, Dr. Abhay Chopada, Jana Eggers, Prajesh Kumar, Dr. Sara Terheggen, Jim Greene, Colin Parris, Dr. Amy Fleischer, Vince Campisi, Rachel Trombetta, Justin Hienz, Tony Thomas, Deepa Naik, Tarun Rishi, Marcia Morales-Jaffe, Mike Dulworth, Jude Schramm に多大なる感謝を捧げます。テクノロジーを取り巻く無数の論点に対する考えを形成する手助けをしてくれました。

　本書出版と私のライフワークのすべては、私の両親である Kamalam と Kumar、夫の Nikhil、そして息子の Neil と Sean の愛とサポートなしには実現しなかったでしょう。信頼できる AI が、社会に対し多大な悪影響を及ぼすことなく、あらゆるメリットを享受し、この世界をより良くすることを望みます。これは私の子供たちのためであると同時に、本書の読者である皆様の子供たち

のためでもあるのです。

　最後に、この機会に信頼できる AI を探求し、この強力なテクノロジーの倫理的発展に貢献する方法を模索してくださっている読者の皆様に感謝します。私たちは皆、AI を世界中の人々のために最大限活用し、利益を生み出す責任を共有しています。信頼に満ちた未来への重要な旅を、読者である皆様とともに歩めたことに深い感謝の念を表します。

目　次

Trustworthy AI

私たちには少し先のことしか見えないが、
そこには果たすべきことがたくさんある。

Alan Turing（アラン・チューリング）[a]

---

a　訳注：イギリス出身の数学者。「チューリングマシン」として知られる、ある規則に従って自動
　で計算を進める数学モデルを提案し、コンピュータ科学の基礎を築いた。

序章

　人工知能と共生する未来を左右する最も大きな要素は「信頼」です。私たちの社会は信頼によって成り立っています。それはつまり、人間相互の信頼、経済や行政制度への信頼、そして私たちが購入し利用する製品やサービスへの信頼を指します。信頼という概念が存在しなければ、私たちは不確実性や疑惑、躊躇い、さらには恐怖に満ちた世界に苦しむことになります。信頼は脆く、一度損なわれると修復はほぼ不可能です。その一方、信頼が私たちの生活の中で重要な役割を担っていることはほとんど意識されません。信頼が損なわれるまで、その存在を当たり前のものだと考えています。

　近頃はこのきわめて重要かつ人間らしい信頼へのニーズと技術革新の強大な力が衝突しています。主に研究所では研究分野を少しずつ進歩させる新しい実験をするために、何十年もの間 AI は開発されてきました。しかし、状況は一変し、ほぼ指数関数的な速さで AI は進歩しています。また、AI ツールは大量に開発され、展開が進んでいます。AI 関連テクノロジーは、私たちを取り巻く世界のほぼすべての部分に応用されています。

　AI が自動運転や人間の発話を模倣するチャットボットに用いられていることはよく知られています。しかし AI はもっと広く浸透しています。様々な機能における機械の自動化や予測分析を AI は促進します。バックオフィス業務や顧客とのコミュニケーションにおいても力を発揮します。新しい製品やサービス、新しいビジネスモデルを生み出すだけではなく、真に新しい働き方や生き方までも実現します。要するに、AI の時代が到来したのです。私たちの使用するツールに対する信頼がどのような意味を持つか、すべての人々と組織は考えなければなりません。

　つまり、AI で何ができるかというだけでなく、どのようにすべきか、あるいはそもそもすべきではないのかが問題なのです。AI がここまで成熟した現在、私たちは AI をめぐる、より哲学的な考察に取り組まなければならないのです。

　さて、AI の利用が倫理的であるとはどういうことでしょうか。私たちが用いる AI ツールが信頼できるかどうか、どうすればわかるのでしょうか。また、信頼すべきかどうか、どう判断すればよいでしょうか。

　このような疑問に対して、ほとんどのケースで回答が得られていないという事実は、私たちにプレッシャーを与えると同時に意欲をかきたてることでしょう。データサイエンティスト、ビジネスリーダー、政府関係者の間では、AI による新時代を十分信頼し、望ましいものにするにはどうしたらよいかという答えのない問いへの関心が実際に高まっているのです。

　21 世紀初頭は、人類文明の分水嶺として歴史に記録されるでしょう。これまでにも印刷機、内燃機関、CPU などの卓越した発明はあったものの、AI のポテンシャルに迫る発明はほとんどありません。AI は既に、それらの発明がもたらした変革のインパクトを超えないまでも匹敵する社会的、経済的変化をもたらしています。AI の影響力は計り知れないからこそ、私たちはこれらのツールがどのように開発され、使用されるべきかについて、倫理的な観点から考えなければなりません。

　AI の倫理や信頼についてきめ細かく定義した文献や学問のデータベースは存在しません。それを満たせば、信頼できる AI が得られるというチェックリストもありません。私たちは、信頼できる倫理的な AI の品質に関する合意形成の途上にいるのです。データサイエンスのバックグラウンドは、この議論に参加するための必須条件ではありません。それどころか、AI がこれまで以上に強力なテクノロジーへ完全に成熟する次の数十年の基盤となりうるルールの策定や先進事例、配慮すべき事柄や哲学的な問いを取り扱ううえで、あらゆる分野や階層の人々の意見が必要になるのです。

　簡単に言えば、組織が AI を使用している場合、その組織の全員が既に AI 時代の形成を担っていることになります。そして、本書の目的とは AI 活用の今後の方向性に対し意味深く、かつ責任をもって貢献するための必要な知識、プロセス、チームワークを身につけることにあります。

　AIが信頼に足るものだと立証するために必要な努力と配慮は相当なものであり、途方のないもののように思えますが、人類が技術革新の門口に立ったのはこれが初めてではありません。私たちには先人の知恵があります。自家用車の誕生と普及を例にとってみましょう。ガソリン車が初めて発表され、急速に普及が進んだ当時、現在のような交通ルールや自動車技術、標準はほとんど存在しませんでした。

　T型フォード車の最初の1台が工場から出荷されたとき、速度制限もなければ、交差点に信号機も道路標識もありませんでした。歩行者は、音を立てて走る1トン近い鉄のかたまりに注意することを学ばなければなりませんでした。ドライバーは車を安全に運転する術を学ばなければなりませんでした。行政は自家用車の使用に関する新しい法律を制定しなければならず、裁判所は前例のない事件の審理に追われました。このような流れを経て自動車は一般に普及し、その結果として、この革新的な技術を世界がどのように使うかを規定する社会技術システムが発展していったのです。

　この例えを流用すると、現在AI関連の製品やサービスが多数開発される一方で、速度制限やシートベルトのようなものがほとんどないような状態です。これらの規制手段は強力ですが、これから押し寄せるAIがもたらす力に比べれば微々たるものであり、この力関係が私たちの取り組むべき課題を困難にしています。AIの持つ可能性を狭めず、信頼のおける存在として見なせるように、今こそ信号機や速度制限、消費者規制をどう定めるべきか考えなければなりません。しかし、そんな社会技術システムをどう実現すればよいでしょうか。

　この課題は、研究、社会実装、信頼と倫理の3つの流れに沿って考えることができます。研究は、データサイエンスとAIエンジニアリングの領域です。先見性のある革新的な研究者は、アカデミックな研究所だけでなく、ますます民間企業でも見られるようになり、AIの持つ可能性の限界に挑戦しています。この流れは、今日までのAI成功の歴史に見られる大きな特徴です。

　数十年にわたり、AI関連の製品やサービスが加速度的に増加しています。この増加量は業務自動化サービス以上のものです。AIは膨大なデータセットから規則性を見つけ、現実の状況を正確に予測することができるので、日常生

活のあらゆる場面に活かすことができます。AI は私たちの日常生活だけでは
なく、あらゆる産業にも影響を与えています。イノベーションという言葉は 21
世紀を象徴するような言葉であり、私たちがワクワクするのは当然のことで
す。このようなテクノロジーと、それが社会に与えるインパクトが顕在化する
さまは人々をとても魅了します。

　AI はこのようなポテンシャルを持つがゆえに、今後ますます重要になる第 3
の流れ、すなわち AI を信頼できる倫理的な方法で活用するにはどうすればよ
いかという課題が提起されます。AI に関するコミュニティでは、現代の AI が
黎明期にある今、私たちはこの課題に取り組まなければならないというコンセ
ンサスが高まっています。この課題は、AI を利用するすべての組織に課せら
れ、最終的にはこれらの組織のリーダーが最初に行動を起こす責任を負うこと
になります。今後 AI がどのように利用されるかを方向づける社会技術システ
ムは、当人の自覚の有無にかかわらず、企業リーダーたちによって構築されつ
つあるのです。

イノベーションのカーブを切り抜ける

　AI に対する信頼を担保することは、今日求められている単なる道徳上の取
り組みというだけではありません。それは、ビジネスにおいて収益だけではな
く顧客の組織に対する見方や関わり方にも実質的な影響を与えます。私たちが
企業に寄せる信頼は、その企業の運営方法に対する信頼の延長線上にあり、そ
の中には企業が採用するツールも含まれます。意図しない結果をもたらす AI
の話（笑い話になるものもあれば、厄介なものもある）はよく耳にすることで
しょう。しかし、AI がより多く導入され、より強力になればなるほど、こうし
た話はより広く一般に認知され、懸念はより深まっていくでしょう。AI が顧
客の信頼を得られるよう、どう取り組むべきなのかを今から検討することは、
企業にとって有益なことです。

　そのためには、漠然とした倫理観に思い悩むだけではなく、もっと深いとこ
ろまで踏み込まなければなりません。つまり、信頼できるテクノロジーを構成
する要素にまで踏み込む必要があるのです。そして、私たちのそれぞれの目的
にとって、どの要素が最も重要であるかを考えなければなりません。

　バイアスを持つ信用スコアリング AI ツールは当然信頼に値しませんが、倫理的概念としての公平性は、必ずしもすべての AI ツールに求められるわけではありません。請求書を処理し、支払いを送金するために学習させた認知モデルであれば、公平性やバイアスは不要でしょう。同様に、工場で高速で動くロボットアームがどう動作するかは、安全という観点で極めて重要な事項ですが、信用スコアリング AI ツールは個人の安全を脅かすものではありません。これが信頼できる AI の在り方であり、各組織はそのニーズと用途に合わせ、この世界をうまく切り抜ける必要があります。

　このように、信頼できる AI に関する個別論点の検討だけでは、AI アプリケーションの全体最適は達成できません。あらゆる企業が、それぞれの目標、戦略、技術的な強み、リスク許容度を持って企業活動に取り組んでいます。行政や規制当局は、こうした倫理的な領域に、より一層踏み込んで検討しています。また、AI が日常生活のあらゆるシーンに組み込まれていることを、消費者はようやく認識し始めました。AI 活用の最前線にいるすべてのステークホルダは、AI が描く明るい未来への道筋を描きながら、その途中にある障壁を未然に解決しようと試みているのです。

　倫理面を十分考慮した技術活用は、技術革新自体と同様に、一筋縄ではいきません。そこには飛躍や見落としが生まれがちです。あらゆる可能性を精査しなければ、傲慢さと短絡さが意図しない結果を招くことになりかねません。1922 年、Henry Ford（ヘンリー・フォード）は次のように記しています。

　常に新しい資源を生み出し、それを使わないことが唯一の損失となる時代に突入しています。そのため、熱、光、電力などは豊富に供給されるので、欲しいだけ使うことをしないのは罪なのです[2]。

　それから 1 世紀を経た今、このような発言の誤りを痛感させられます。そして同時に、これから数十年の間に、AI がもたらす成果は何なのかという問いを指し示しているのです。果たして「欲しい分ありったけ使う」のモットーをいまだ持ち続け、未来に向かって突き進むべきでしょうか。それとも、転ばぬ先の杖ということわざにもあるように、世界を変えるとわかっている技術への信

頼性を担保すべく、力を注いだ方がよいでしょうか。将来の苦しみから逃れる
だけでなく、AIから最大限の利益を引き出す重要な機会を手にしているので
す。

　私たちは、信頼できるAIを実現する社会技術システムの構築に向けて取り
組み、現実のものとする絶好の機会を得ているのです。AI関連の製品やサー
ビスの多くが民間事業によって開発、展開されていることを考えると、最もポ
ジティブな影響を与えることができるのは、今日のビジネスリーダーたちで
す。*Fortune*誌掲載企業から中小企業まで、AIの未来の多くは民間企業の有能
な手にかかっているのです。

信頼できるAIを構成する様々な要素

　信頼できるAIを実現するうえで独特な課題の1つは、私たちの物事の取り
決めや倫理観が文化や地域によって異なるということです。また、社会におけ
るニーズや取り組むべき環境問題の優先順位、AIアプリケーションの性質は
多様で、一概にAIの倫理的枠組みを定義することはできません。複雑なビジ
ネス環境で活動するため、組織のリーダーはAIにまつわる主要な論点に関す
る知識とガイドブックが必要です。

　AIには標準的な答えがありません。大事なことは、正しい問いを立て、その
答えを用いて何をすべきかを理解することです。AIの信頼性や広範な哲学的、
倫理的要素を整理し、すべての企業が独自の速度制限を設定し、独自の信号機
をつくる必要があります。一般的に、AI倫理という概念はバイアスと混同さ
れがちですが、これは信頼できるAIの広い枠組みの一要素に過ぎません。信
頼の概念を細分化してみると、多くの要素があり、それぞれがAIのユースケー
スに適用できる可能性を持っています。

　信頼できるAIとは、公平性と中立性、堅牢性と信頼性、プライバシー、安全
性とセキュリティ、責任とアカウンタビリティ、透明性と説明可能性を持つも
のです。それぞれの要素において、独自の性質や課題、哲学的問いへの規範を
考えねばならないのです。今日、AIを利用する人々のタスクの1つは、これら
のトピックを掘り下げ、その意味を理解し、与えられたユースケースによくあ
てはまるかどうかを吟味することです。そして、AIが生み出す価値を享受し

つつ AI への信頼性を担保できるよう、適切な行動をとることです。これは簡単なことではありません。なぜなら、信頼できる倫理的な AI を生み出す取り組みに関与するステークホルダは広範囲に存在するからです。

この状況は、AI のイノベーション、社会への応用、倫理の間に対立関係があることを示唆しているわけではありません。いずれかをとらないといけないというような命題ではなく、お互いが密接に関連するのです。企業のリーダーがこのような AI の観点を受け入れると、重要事項を慎重に検討し、望ましい AI の成果に向けて構築、管理できるようになります。説明可能で安全な AI を使用することは十分可能です。複数のユースケースに応用可能な、堅牢かつ信頼性の高い AI モデルも存在します。プライバシーを尊重する AI は存在しうるのです。しかし、これは自然に実現されるものではありません。本書は、AI をどのようにビジネスに役立てるかについて、正しい判断を下すための基盤となる考え方や論点を提供します。信頼できる AI を構成する要素のすべてが、AI ツールやユースケースに適用されるわけではなく、関連する複数要素が適用される可能性もあります。真に信頼できる認知ツールを生み出す第 1 歩として、この後の章で説明される概念と論点は、人々、プロセス、およびテクノロジーを調和させるうえで役立つでしょう。

発見が相次ぎ、新しい科学が生まれようと
していることはもはや明らかだった。

Marie Curie（マリ・キュリー）[a]

---

a　訳注：ポーランド出身の物理学者、化学者。放射線の研究とポロニウム、ラジウムという放射性元素を発見し、ノーベル物理学賞、化学賞を受賞した。

第1章 現代 AI 入門

　AI の信頼性について掘り下げる前に、何が AI で何が AI でないのかを明確にすることが重要です。

　雑誌や巷の議論では、AI はしばしば自我を持ち、あたかも「思考」し、「意志」の尺度を持っているかのように語られることがあります。AI に関するプロジェクト内容を説明する際に使われる名詞には「トレーニング」や「学習」といった、通常では思考する生物にのみ使われる概念が含まれます。したがって、普段 AI について語る際に、真の知性として捉える傾向があるのは当然といえば当然かもしれません。

　しかしながら、これはかなり現実からかけ離れています。本来、AI は「考える」ものではありません。実のところ、AI ツールは高度に複雑な数学的計算を行い、その解が現実世界の何かを正確に記述するように構築されたものなのです。さらに言えば、概念としての AI は既存概念から独立した考え方ではありません。AI は個別の機能を実行するモデルタイプの集合体であると同時に、データサイエンティストのための専門的な実践領域かつ彼らが開発する AI を可能にするテクノロジーエコシステムなのです。

　本書で AI を語るにあたり、私たちが何を意味するのかをより明確にするために、この分野がどのように発展し現在どのような AI モデルが使用されているのかを考えてみましょう。

知能を持つ機械への道

　人類は長い間、人間の言葉を理解し人とコミュニケーションするロボットを想像してきました。このような考えは、何千年も前の物語から今日私たちが楽

しんでいる物語に至るまで、私たちが語る物語に浸透しています。ギリシャ神話のヘパイストスによって作成されたオートマトン、マハーバーラタ[b]やその他の古代ヒンドゥー教の書物に登場する機械的存在、Isaac Asimov（アイザック・アシモフ）やその他の作家によって（SF という）一ジャンルが築かれるなど、人間は常に無生物の機械がどのように独立した意志を持ち、創造者に奉仕し（時に脅かし）うるかと疑問を抱いてきたのです。

AI を語るうえで重要なのは「知能とは何か」ということを掘り下げることです。人間には明確な自己認識と豊かな内的世界があります。私たちの意思決定や知識は、経験、直感、迷信、感情といった私たちを思考する生物たらしめる、ありとあらゆるもののうえに成立しています。しかし今日の AI は認知能力が非常に限定的であり、設計されたことのみを実現します。

AI は、20 世紀半ばに誕生した現代科学の研究、実践分野の 1 つで、現代のコンピュータ科学の発展を追随してきました。この現代のコンピュータ科学とは、イギリスのコンピュータ科学者である Alan Turing（アラン・チューリング）の研究に端を発し、推進されてきたものです。チューリングは 1930 年代に、ルールベースのコードがアルゴリズム的問題を解決できることを数学的に証明し、知能を持つ機械の存在を問うためのテストを開発しました。

このような始まりから、AI の分野は AI 自身を前進させる一連の出来事と変曲点を刻んできました。1956 年に開催された「Dartmouth Summer Research Project on Artificial Intelligence（人工知能に関するダートマスの夏期研究会）」では、研究者が最初の AI プログラムと呼ばれる「Logic Theorist（ロジック・セオリスト）」を発表し、コンピュータ科学者の John McCarthy（ジョン・マッカーシー）が「Artificial Intelligence（人工知能）」という言葉を作り出しました。その後数十年の間に、コンピュータ科学と計算能力は進化し、向上していきました。しかし、AI の実現可能性について大きな期待が寄せられていたものの、ハードウェア、ソフトウェア、アルゴリズムの性能は十分ではありませんでした。

---

b 訳注：紀元前 400 年頃に古代インドで作られたサンスクリット語の二大叙事詩の 1 つ。

　その後、時が経つにつれて、コンピュータの記憶装置など、AI に必要な技術の進歩が着実に現れてきました。1980 年代には深層学習の手法が考案され、純粋なルールベースのコードではない、機械学習への扉が開かれました。1950 年代に考案されたエキスパートシステムと呼ばれる AI の一種は、数十年の歳月を経て成熟しました。エキスパートシステムには、記号論理、データ駆動型処理が用いられ、複雑な数学の知識がなくても理解できる結果を出力できます。その盛り上がりは、1980 年代末には *Fortune* 誌掲載の半数以上の企業がエキスパートシステムを開発、利用していたほどでした[2]。しかし、エキスパートシステムの技術的、認知的限界など様々な理由からこの分野は衰退していきました。

　1990 年代には、ニューラルネットワークがさらに技術革新を遂げ、より強力なアルゴリズムが開発されました。超並列マシンも注目され、1997 年にチェスの世界チャンピオンを 6 ゲームマッチ形式の対戦で破った IBM の「Deep Blue」が最も有名です。このように、AI という概念の始まりから、高度に複雑な活動において人間の能力を超える技術に発展するまでには約半世紀を要しました。

　21 世紀に入り、計算機のインフラと開発ペースが加速しました。データストレージ、並列処理、そしてインターネットの出現によって可能になったデータ生成などのケイパビリティと接続性など、すべてが高次の AI 実現に必須である計算機能力の向上に寄与しました。人工ニューラルネットワークの継続的なイノベーションにより、画像中の物体を正確に分類するコンピュータビジョンのようなコグニティブツール（cognitive tool）の可能性が生まれました。しかし、このような種類の AI は根本的な障壁に直面しました。機械が画像の内容を学習するためには、人間が画像にラベルづけをしなければなりません。

　例えば、アフリカのサバンナでガゼルの群れに近づいているライオンの写真があったとして、機械学習ツールには何が何であるかを認識できません。どちらがライオンでどちらがガゼルなのかはおろか、野生の動物の概念さえもわかりません。そこで、膨大な画像データベースの中から、すべてのオブジェクトに手作業でラベルをつけるという作業が行われていました。しかし、これは非常に大きな労力を要するものでした。

そして 2011 年、深層学習が本格的に登場しました。スタンフォード大学の
コンピュータ科学者 Andrew Ng（アンドリュー・ン）とグーグルのエンジニア
である Jeff Dean（ジェフ・ディーン）が、1000 万枚の画像のデータセットと
1000 台のマシンのクラスターを組み合わせ、ニューラルネットワークを構築し
ました。未加工のデータをアルゴリズムに処理させたところ、3 日後には人間
の顔や体、猫の顔を分類することができました。これは、画像にラベルをつけ
なくてもコンピュータが画像の特徴を検出できることを証明するものでした。
教師なし学習（unsupervised learning）の登場です[3]。

過去 10 年で、これらの AI やその他の種類の AI が急増し、あらゆる業界や
セクターの組織で大規模に展開されています。これは、コネクテッドデバイス[c]
（connected device）による膨大なデータが生成されたことやクラウドコンピュ
ーティングの柔軟性、重要なハードウェア（例：GPU）の開発によってもたら
されたものです。現在では、組織は活発なイノベーションと探求のさなかにあ
ります。業務の自動化だけではなく、ビジネスの在り方を完全に再構築し、こ
れまで実現不可能だったユースケースを特定しようとしているのです。AI は
もはや「あるといいもの」ではなく、競争上不可欠なものなのです。

AI の基本用語

AI という言葉は 1 つの概念を指すものではなく、多くの意味を持っていま
す。AI は、様々なモデル、ユースケース、そしてそれらを支えるテクノロジー
の総称です。重要なのは、ある機械学習技術が開発されたからといって、他の
技術が時代遅れになるとは限らないということです。むしろ、ユースケースに
応じて最適な AI 技術が存在します。

AI 領域には、データサイエンス分野にいる人以外にはわかりにくい、技術的
な語彙がたくさんあります。AI の概念は複雑な数学によって記述されており、
技術者でない人は AI が実際にどのように機能するのかわからずにいることも
多いでしょう。発展途上にあるこの AI という分野においては、その定義に疑
問を投げかけ、異議を唱える記述が後を絶ちません。しかし、AI の基礎を理解

---

c　訳注：インターネットに接続された機器。

するのに数学は必要ありません。関連用語やよく参照される用語の定義は以下の通りです。

機械学習（Machine Learning：ML）：最も基本的な機械学習は、人間が関与することなくアルゴリズムによる学習を自動化する手法です。アルゴリズムに学習用のデータが提供されると、アルゴリズムは独自に「学習」して、（設計者が最適化する何らかの機能に基づいて）データを処理するアプローチを開発します。機械学習では構造化データも非構造化データも利用可能ですが、モデル学習のためのデータ処理で構造化が必要です。

ニューラルネットワーク（Neural Network：NN）：ニューラルネットワークは、接続された複数のノードを使用してデータを処理し計算するという点で、脳の機能を緩やかにモデル化したものです。ニューラルネットワークは物理的に存在するのではなく、コンピュータ内の仮想空間上に構築されます。ニューラルネットワークは、入力層（input layer）、出力層（output layer）、およびそれらの間にあるいくつかの隠れ層（hidden layer）を含んでいます。各層は、ノードとノードの接続で構成され、ネットワーク状になった層を形成します。データを入力層に入れると、隠れ層で自律的に計算が行われ、アルゴリズムが結果を出力します。

深層学習（Deep Learning：DL）：機械学習の一種である深層学習は、主に構造化されていない、ラベルのないデータで学習されます（ただし、それだけに限定されるわけではありません）。深層学習アルゴリズムは、新しいデータに遭遇したときに個別に調整するためにニューラルネットワークを用いて、データから特徴を抽出し、精度を向上させます。深層学習における「ディープ（deep）」は、ニューラルネットワークの層の数を意味します。深層学習の課題は、ニューラルネットワークに層が追加されればされるほど、学習エラーが増

加してしまうことです[d]。また、データサイエンティストのタスクは、アルゴリズムが最適化され正確な出力が得られるようになるまで、ニューラルネットワークのパラメータを調整することです。

教師あり学習（Supervised learning）：機械学習のアプローチの1つに、アルゴリズムにラベルづけされたデータセットを与えるというものがあります。データ収集やラベルづけをした後、既知の入力と出力を用いてモデル学習を行うことで、精度の最適化を図ります。教師あり学習では、分類（データを適切なカテゴリに分類する）と回帰（変数間の相関を調べる）のための様々なモデルタイプが存在します。

教師なし学習（Unsupervised learning）：この手法では、学習データの大部分または全体がラベルづけされておらず、構造化されていません。データセットを学習アルゴリズムに入力し、モデルはデータ内のパターンを識別し、それを用いて実世界を正確に反映する出力を得ます。一例として、Andrew Ng と Jeff Dean により実施された 2011 年の画像認識実験では、教師なし学習が用いられました。

強化学習（Reinforcement learning）：人間が褒められたり、叱られたりして学習するのと同様に、強化学習はアルゴリズムが出力を計算し、それに対する「報酬（reward）」を測定することによってその機能を最適化する機械学習アプローチです。単純に言うと「試行錯誤」をしているのです。

　これらの一覧は AI にまつわる語彙の僅少な一部分を示しただけに過ぎません。しかしながら、AI の学習がどのように実施され、どのように適用されるか、そして信頼と倫理が重要になる箇所について合理的に考えるという意味では十分でしょう。

---

d　訳注：勾配消失問題を指す。ニューラルネットワークでの学習では、誤差逆伝播法を使って損失関数を最小化するようパラメータを更新していくが、各層の勾配で小さい値が続いた場合、入力側付近の勾配はゼロとみなされてしまい、学習が進まなくなる事象。

AIモデルの種類とモデルケース

　技術やモデルの多様性はあるものの、現在使われているAIツールの多くは、基本的な機能によって分類することができます。AIがどのように活用されているのか、その機能や活用事例をご紹介します。

画像認識（Computer vision）：AIは何も「見る」ことはできませんが、画像認識モデルは、デジタル画像を構成するデータをそのビットごとに処理し、そこから画像に含まれそうなものを数学的に判断することができます。現在では、静止画だけでなく、リアルタイムの動画でも画像認識が可能になっています。自動運転車、顔認証、設備監視など、様々な場面で画像認識が活用されています。

自然言語処理（Natural Language Processing: NLP）：NLPモデルは、人間が「自然に」使用する形式の言語を分析、解読、検索および生成することができます。このモデルは言語を「理解」するわけではありませんが、出力に一貫性を持たせつつ、データを正確に反映するようにテキストを処理し、扱うことができます。NLPを用いたツールは、テキストを分類し、検索し、作成することができます。例えば、お客さまからの質問を処理し、親切に返答できるAIチャットボットが該当します。

音声認識（Speech recognition）：テキスト読み上げプログラムは新しいものではありませんが、AIによってさらなる知識が付加されます。単語、イントネーション、会話のパターンを解読することで、音声認識ツールは話者の感情を分析することができます。例えば、話者が怒っているのか、喜んでいるのか、不満なのか、満足しているのか分析できます。発話の仕方によって、言葉の文脈や意味は影響を受けます。感情分析を自然言語処理モデルと組み合わせることで、人が話す内容だけでなく、その意味するところも計算できる強力なツールとなります。

計画、スケジューリング、予測：複雑化した組織では、組織横断的な様々な変動要素や状況変化のスピードが、十分な情報に基づいた意思決定を行うための人間の能力を超えてしまうことがあります。計画とスケジューリングは、以前はスプレッドシートを使って手作業で行われていました。今日の AI モデルは、あらゆるビジネス要素に対してきめ細かい洞察を提供し、情報に基づいた意思決定を支援し、さらに問題の発生可能性を予測し、それを回避または軽減するためのソリューションを推奨することさえできます。

レコメンデーションシステム（Recommendation systems）：オンラインショッピングやメディアの発展に伴い、ユーザーに関連した商品、コンテンツ、キャンペーンを推奨するレコメンデーションシステムが一般に認知されるようになりました。これらのレコメンデーションモデルは、ショッピングや旅行の習慣、年齢、収入、教育、ソーシャルコミュニティでのオンライン活動など、ユーザーに関する情報と組み合わせることで、非常に高度なものになりえます。消費者ペルソナを深く理解することで、企業は個人またはグループに対して、適切なコンテンツやキャンペーンを最も効果的な形式とタイミングで推奨することができます。

ロボティクス（Robotics）：明確に AI のカテゴリの1つとして位置づけられているわけではありませんが、コグニティブツールは半自律型または完全自律型のロボティクスに不可欠です。AI を使って物理的な物体を操作するには、ロボットが実世界で機能するためのモデルやデータの収集が必要です。これには画像認識だけでなく、マシンの性能や環境の変化、特定動作における予測確実性の度合いなどをモニタリングすることも含まれます。製造業、自動運転車、消費者向け製品（ロボット掃除機など）などで、複数の AI 技術を組み合わせたロボットが活用されています。

　結局のところ、このようなタイプの AI は、コグニティブツールの真の可能性を示すほんの一例に過ぎません。つまり、発明すべき AI はいまだにたくさん存在し、AI を使いたいという興奮と熱意が、イノベーション、投資、実験、

そして進歩を促しているのです。AI を探究する組織が問うべき質問は、AI ツールが何をもたらすかだけではなく、そのツールを用いることで組織自身は何ができるようになるのかというものです。

現代の AI 時代の新たな課題

　AI が 1 つの研究領域としてのみ存在し、その可能性がほとんど実験上のものだったころ、AI に対する信頼や倫理に関する問いは、ほとんど学術的なものでした。しかし、こうした強力なツールが普及されるようになって初めて、AI の倫理や、この知能を持つ機械の新しい世界を信頼できるかどうかという未解決の問題に取り組まなければならなくなったのです。よくある話ですが、技術革新というものは、私たち人類全体の最善の利益を目的とした、先端技術を管理するための社会技術システムの進化よりも早く起こります。

　数十年にもわたる研究とイノベーションを経て、AI は今や私たちの生活のあらゆる場面で関係するところまで成熟しています。AI は、研究室から飛び出した一過性の研究プロジェクトではなく、私たちの未来を形作る変革的なテクノロジーなのです。AI とは何か、どのように機能するのかを理解することで、私たちはこの技術を信頼に足るものにする方法を探る重大な仕事にとりかかることができるのです。

あらゆるコンピューティングツールの最も
重要な側面の1つは、それを使おうとする人
の思考習慣に影響を与えることだ。

Edsger W. Dijkstra

（エドガー・W・ダイクストラ）[a]

---

a　訳注：オランダの計算機科学者。1972 年、プログラミング言語の基礎研究への貢献に対してチ
ューリング賞を受賞。構造化プログラミングの提唱者でもある。

第2章　公平性と中立性

　多くの企業がそうであるように、BAM 社においても高い技術力を持った従業員が不足していました。BAM 社には低迷している収益を立て直すための技術はあるものの、その技術を有効活用できる従業員がいなかったのです。そのため最高人事責任者である Vidya（ヴィジャ）は、人事部がより多くの応募者を募る必要があると考えていました。BAM 社はハイテクな機械を操作できる人材を必要としており、そのためには力ではなく知性が求められていたのです。

　Vidya は、山のようにある履歴書や応募書類を整理するために、時折メンテナンスされていたもののあまり使用されていない AI システムに目を付けました。それは前任者が人事部に導入したもので、Vidya 自身は従来の手作業による書類審査を好んでいたので使用することはありませんでしたが、今回はあまりにも書類の数が膨大であったため、手作業では全書類を素早く審査することができないと考えたのです。

　Vidya は、データチームや AI チームと十分な議論をしないまま履歴書を AI システムに入力し、BAM 社のハイテクな工場で働くことができる人材を探しました。その結果、いくつかの履歴書は BAM 社が必要としている人材に近いというフラグが立ち、それはまさに期待通りの結果でした。

　ある午後のミーティングで、Vidya は最高執行責任者と共に採用候補者に目を通していました。

　「AI のおかげでそのような有能な人材を素早く見つけ出すことができたんだ。」と、Vidya は言いました。「これについてどう思う？」

　最高執行責任者は「ここにいるのは男性ばかりだ。妙だぞ。女性は応募して

来なかったのかい？　まるでタレントプールがおかしくなったみたいだ。」と返しました。Vidya はすぐに異変に気づきました。

　不公平でバイアスがかかった AI が、誰かに被害を及ぼしたり世間から反発されたりした例は枚挙に暇がありません。エンドユーザーたちが何らかの被害を受けるだけでなく、そのような AI を導入した組織も、消費者からの信頼・評判の低下や関連法違反による罰則といった影響を受けてしまいます。AI に対する政府の規制は、違反した際の罰則と伴って年々厳しくなっています。アメリカでは、連邦取引委員会（Federal Trade Commission：FTC）が AI に関連した記載をしている既存の法律の問題点を指摘し、AI の開発者やユーザーが遵守すべき事項として「開発者やユーザー自身が責任を負うこと。もしくは、FTC が代わりに責任を負う必要があるならば、その準備をしておくこと。」と発表しました[2]。

　非常に多くのユースケースで急速に AI が使用されてきているため、現状、公平性を定義しそれを追求する責任は AI を利活用するすべての組織に求められています。その一方で、今後検討すべき論点や倫理的な課題はいまだ数多くあり、また、それぞれのユースケースにおけるエンドユーザーへの影響は多岐にわたっており、一意に定まることはありません。データ、開発者、システム構成など、現実世界には非常に多くの視点があり、公平な AI を開発し利活用の幅を広げるための指針はいまだ存在していないのです。

　したがって、今ある法規制やガイドラインを踏まえ、組織は AI のライフサイクルのどこにバイアスが生じてしまうかを理解する必要があるのです。では、不公平でバイアスがかかった AI の原因となる要素は何でしょうか。様々なユースケースにおける公平性はどのように評価され、対処されるべきなのでしょうか。ステークホルダは誰で、また AI を公平に活用するための手綱を握っている人物は誰なのでしょうか。最後に、AI が持つバイアスを理解し低減させる方法を検討する出発点として、私たちはより根本的な質問をします。公平性とは何でしょうか。

長年にわたる倫理問題

　公平性の定義については、何千年も前から議論されてきました。アリストテ

レスは *Nicomachean Ethics*（ニコマコス倫理学）の中で、「平等とは平等に扱われることを指し、不平等とは不平等に扱われることを指す」と述べています。つまり、公平性の核となる部分は、平等で、中立的な「扱い」なのです。アリストテレスがいた時代から 2000 年経っているにもかかわらずいまだに私たちは様々な国やビジネスの現場で不平等を目にしていることを踏まえると、公平性の実現は難しいということだけでなく、仮に実現してもすぐに壊れてしまうものだという事実を私たちに伝えているのです。

　公平性の実現には平等な扱いが必要であるという前提のもと、平等な「扱い」の枠を越えて、平等であるという「結果」に目を向けた手続き的公平性（procedural fairness）と分配的公平性（distributive fairness）について考えてみましょう。手続き的公平性（アリストテレスがいう平等な扱い）とは、ある手続きが正しい場合に、どのように公平な結果や公平性を守るための正義という概念が導かれるのかについて定義するものです。哲学者 John Rawls（ジョン・ロールズ）[b] は、自著の中でこの手続き的正義について 3 つの層に分けて記載しています[3]。

1. **完全な手続き上の正義（perfect procedural justice）：公平性について具体的な定義がなされた場合、必ず公平性が確保される手続きが存在します。**
2. **不完全な手続き上の正義（imperfect procedural justice）：手続きについて具体的な定義がなされた場合、公平性が確保される可能性は高いですがその保証はありません。**
3. **純粋な手続き上の正義（pure procedural justice）：公平性が確保されるという結果は手続きから生じるものであるものの、公平性の定義が独立してあるわけではなく、手続きによって整合性が保たれているに過ぎないのです。**

　AI に話を戻すと、新しいユースケースが常に生まれてくる世の中で、すべてのユースケースについて何が公平かを定義することは困難です。「公平」の本質的な意味を考えても、結局、AI の使用例や使用目的に依存した非常に主観的

---

b　訳注：アメリカ合衆国の哲学者（1921-2002）であり、1971 年に刊行した『正義論』（*A Theory Of Justice*）は大きな反響を呼んだ。

なものになってしまいます。John Rawls いわく、純粋な手続き上の正義とは、手続きが正当な行いであったために結果的に公平性が確保されるものであり、これによって平等な扱いという概念が支えられるのだとしています。しかしこのことは分配的公平性をも意味します。このとき、公平な結果が得られたとして、果たして真の公平性が満たされていると言えるのでしょうか。もしそうであれば、それは公平でもあるのでしょうか。

　例えば、履歴書を AI に読み込ませて応募者をスコアリングするといった、採用活動が簡便化される AI ツールがあったとします。理論的にはそのようなツールは、誰を採用するかを決定する際に面接官のバイアスがかからずに、優秀な従業員を素早く見つけ出すことができることができるように思えます。しかし実際には、訓練用データセットに特定の性別へのバイアスがあると、AI はその性別の応募者に重みをつけ、結果、バイアスがかかった採用活動を行ってしまう可能性があるのです。

　この事例では、AI ツールは手続き上も分配上も不公平であるといえます。応募者がスコアリングされるプロセスにバイアスがあれば、必然的に不公平な結果になってしまうからです。そしてこれは、分配上の公平性と AI サービスの質に関する重要性も表しています。AI によって行われた採用活動や住宅ローン審査などでは、すべての人は平等に審査に受かる可能性も落ちる可能性もあります。つまり、AI が平等な扱いをする可能性も、バイアスがかかった扱いをする可能性もありうるのです。

　さらに組織として懸念すべき点は、AI モデルを開発するデータサイエンティストがいかに透明性を確保しても、AI の判断によって影響を受ける人々にとってそれは不透明で理解することが難しい内容である可能性が高いということです。倫理的に優れた人間の行動というものは、向社会性[c]によって決定されます。この判断によって、個人は他者との関係性を踏まえて社会性のある行動とは何かを理解・評価し、積極的に行動するようになります。私たちは周りの

---

c　訳注：相手の気持ちを理解、共有し（共感）、自分よりも相手を優先させようとする心情や行動である。向社会的行動には、相手の心情や要求に影響され、自分の欲求を抑え相手の利益になるように振舞う自己抑制的な側面と、相手の要求を優先させて相手の利益につながる行動を積極的に表現しようとする自己主張的な側面とがある。

人たちとの関係性を考慮しながら、社会に生きる中で何が公平で何が中立であるかを直感的に理解し、同時に社会の仕組みを通して反社会的な行動を自然に淘汰しています。このときに重要なことは、何をもって反社会的とするかは、地域や組織によって異なる可能性があるということです。中には、明示的であれ暗黙的であれ偏見が容認されたり、場合によっては偏見を強制されたりすることがあるかもしれません。

　しかし、機械は何が公平であるかを直感的に理解したり、判断結果の理由について「考え」たりすることはできません。AIの公平性をめぐる問題から、アルゴリズムフェアネスという新しい分野が生まれました。これは、データ活用および分析活動、特にAI利活用において、いかにしてバイアスを無くし、公平性を担保するかを探求することに焦点を当てた学問です。性別・国籍・年齢などのセンシティブな情報を、アルゴリズムへの影響がないように排除することも1つの手段ではありますが、（法規制や社会における常識が許すのであれば）これらセンシティブな情報を慎重に活用するということもまた1つの主要な手段です[4]。

　これは、データサイエンスの範疇を大きく超えた複雑な問題であり、公平性は、それが語られる学問分野ごとに、様々な意味を持ちます。実際に、法律・ビジネス・社会構造・数学などその他多くの分野で公平性について議論された本が出版されています。それほど公平性や中立性について定義することは難しいのでしょう。ただAIの場合においては、厳密に定義をするよりも、一歩引いた視点からAIの公平性に関する具体的な問題とは何かを特定し、その問題に適切にアプローチすることが重要だと考えます。その一歩目として、私たちはバイアスがどこにあるかを理解し、またそのバイアスを排除することが求められるのです。

AIにおけるバイアスの本質

　バイアスとは人間が持つ特性であり、人間を人間たらしめている部分でもあります。人間の行動に影響を与える認知バイアスは、既に何十種類も確認されています。例えば、「購入後の合理化バイアス（post-purchase rationalization bias）」は、購入したものの価格に関わらず、まるで高価であるかのように自分

を説得する行為のことをいい、「イケア効果（IKEA effect）」とは、最終的なモノの品質に関わらず、自分で組み立てたモノに大きな価値を見出す行為のことをいいます。ほかにも、「ギャンブラーの誤謬（Gambler's fallacy）」といって、確率は変わらないにもかかわらず、過去の出来事（負け）によって将来の出来事（勝ち）の確率を判断してしまう認知バイアスもあります。

　AI はこうした非論理的なバイアスのほとんどから解放されていますが、その出力結果が不公平で信頼できないものになりうる原因として、データに潜むバイアスがあります。逆に言うと、AI が持つバイアスの主要因はデータにあるのです。バイアスとは、狭義的には訓練データから予測される出力値と実際の出力値の差分のことを指します。しかしここでは、バイアスとは、性別・人種・社会的地位などの、社会の根源に存在しかつ間違ったデータ収集方法によってデータに表出されるような偏見のことを指します。データサイエンスにおいては、データセットが現実世界を正確に反映していないことでバイアスが現れる場合もありますが、これは必ずしも人為的に発生するものではありません。例えば、機械のセンサが誤作動すると、不完全で不正確なデータが出力されることがありますし、また、データセットの入ったファイルが技術的な障害により破損してしまう可能性もあります。

　多くの場合には人間の行動はデータの品質や精度に影響を与えますが、これは必ずしもデータサイエンティストによる悪意や怠慢が原因ではありません。データが持つバイアスは、社会通念や法制度など様々な要因により生じることがあり、私たちが「これは公平性に反している」と思う事象が現実には往々にして発生しています（例えば、昇進時のジェンダーバイアスにより、女性よりも男性のほうが管理職に就くことが多いなど）。バイアスの要因を探求することは、一見すると学術的な問題に見えるかもしれません。しかし、バイアスがかかったデータによって訓練された AI の判断は、ビジネスの世界において大きな影響を与える可能性もあるのです。

　ある有名な事例を紹介しましょう。ProPublica[d] の調査によって、全米で使用されていた犯罪者の再犯リスクをスコアリングするアルゴリズムが、人種バイ

---

d　訳注：アメリカ合衆国の非営利・独立系の報道機関。

アスがかかった結果を出力していたことが判明しました[5]。白人の被告人は黒人の被告人と比較してリスクスコアが誤って低く出力されており、黒人の被告人は白人の被告人の約2倍、将来再犯する可能性が高いとスコアリングされていたのです。リスクスコアはあくまで刑期を決定するための一要素に過ぎませんでしたが、このようなバイアスによりもたらされる影響は非常に大きく、1つの間違った出力によってその人の人生を何年にもわたって変えてしまいかねないのです。

　このことを踏まえ、バイアスを軽減、場合によっては排除するために、AI 開発チームはデータおよび彼ら自身を深く見つめなおさなければなりません。ではどのようなバイアスがあるのか、ここではビジネス的観点から4つの主要なバイアスに焦点を当てて考えてみましょう。

選択バイアス（Selection Bias）

　データの収集というものは決して完璧ではありません。収集データには常に欠損や過不足が発生している可能性があります。歩道ですれ違う人々を対象にした簡単な調査を想像してみましょう。その際に、データの収集方法によって、データセットにどのようなバイアスが発生してしまうのか考えてみてください。歩道にいる人々は本当に代表的なサンプルなのでしょうか。調査の参加に同意しやすい人もいれば、あまり同意しない人もいるかもしれません。また、調査員がある属性の人を避け、特定のグループに声をかけている可能性はないでしょうか。データ収集活動に内在するバイアスは、結果としてデータセットにもバイアスがかかり、もしそのバイアスを軽減させる手段がなければ、それを基に学習させた AI モデルにもバイアスが存在することになるのです。

　AI 開発においてバイアスの軽減や排除を難しくする要因は、使用されるデータが二次的なもの、つまり AI のモデリングとは無関係の行動から得られた情報であることが多い、ということです。二次データの例としては、販売データ、アフターマーケット製品の使用データ、広告キャンペーンのコンバージョンレート[e]などが挙げられます。このような二次データであった場合、データ

---

e　訳注：企業と何らかの接触を持った見込み顧客のうち、実際に顧客やサービス会員に転換した人の割合。

サイエンティストはデータがどのように収集されたのか、またそのデータが対象を正確に表しているのかといった情報をほとんど確認することができません。

またデータには受動的選択バイアス（passive selection bias）と呼ばれるバイアスが潜んでいる可能性があり、情報が十分に反映されていないことがあります。例えば、街角の調査員は、質問をする場所が適切でないためにモデル開発に必要なグループからの情報を集めることができなかったとします。そこで、調査員が別の地域や都市に行った場合、データセットの内容は大きく変わってしまうのでしょうか。

一方、積極的選択バイアス（active selection bias）というバイアスもあります。それは、データセットが持つ情報をわざとオーバーサンプリングし、別の情報をアンダーサンプリングまたは排除したデータのことを指します。例えば、女性よりも男性の方がよく使う製品に関するフィードバックを集める際に、女性よりも男性からのフィードバックを多く収集するといった場合です。

他にも、ある集団がデータを提供しないがために、その集団についての情報がデータに含まれなくなるという自己選択バイアス（self-selection bias）というバイアスもあります。このようなバイアスがあると、正しいサンプルを持たないデータセットを作成してしまう可能性があり、またそのデータを使用するデータサイエンティストにとっては、（特に二次データの場合）、このバイアスがどこにあるのかを発見することが困難になる可能性があります。

確証バイアス（Confirmation Bias）

人間は、自身の考えを立証できる情報を積極的に信じ込み、逆にそれに反する情報を受け入れない傾向があります。このことを確証バイアスと言い、私たちは人気のあるメディアや自身が好むような論調を探し出す傾向にあります。例えば、あるニュースチャンネルを他のチャンネルよりも閲覧したり、自身の考えを否定するのではなくむしろそれを支持するソーシャルメディアの活動に参加したりすることなどが挙げられます。このような経緯でソーシャルメディ

アによるエコーチェンバー^f は拡大していき、また持続していくのです。

　研究活動においても、確証バイアスが意図的に、あるいは無意識のうちにでも発生することがあります。科学者が仮説を立てる際に、彼らは既に何が真実か決めつけていていることが多く、そのため自分の考えと一致する理論を証明するように研究してしまうことがあります。自分の理論が正しいと証明するために重要な情報を隠蔽したり見て見ぬふりをしたりするような非道徳的な科学者も一部にはいるかもしれませんが、そうではなく、無意識のうちに自分の仮説を立証する情報に着目してしまう科学者は非常に多いと考えられます。

　データサイエンスにおいては、確証バイアスとはあらかじめ定めた仮説に合うように相関やパターンを探すことを指し、その結果として、AI が誤った予測をしてしまうことがあります。AI の学習時に、データサイエンティストはデータを修正したり一部改変したりして、一定の精度を満たすモデルを作成することがあるかもしれませんが、そうすると開発された AI ツールは実世界に即しておらず、不正確で無意味な AI となってしまう可能性があるのです。

明示的および暗黙的バイアス（Explicit and Implicit Bias）

　恣意的もしくは明示的バイアス（すなわち先入観）とは、物や人に対して我々が昔から持っているバイアスのことを言います。例えば、人種差別主義者や頑固一徹な人間は、偏見に満ちた人間としてイメージしやすいかと思われます。ただ中には、たとえ誰が何と言おうと自動運転は間違いなく人間の運転手にとって代わる、という穏やかな偏見もありうるということを忘れてはなりません。AI に関して言えば、データサイエンティストがこのような恣意的バイアスを持つ可能性はあるものの、そういったバイアスは世間的によく知られているため、モデルの開発・構築・運用時に排除することはおそらく容易であると考えられます。

　一方、アンコンシャスバイアスもしくは暗黙的バイアスとは、誰もが持ちうるバイアスであるものの、何かを判断する際に影響を及ぼしているということに気づきにくいバイアスのことを言い、このバイアスを軽減することは非常に

---

f　訳注：SNS において、価値観の似た者同士で交流し、共感し合うことにより、特定の意見や思想が増幅されて影響力をもつ現象。攻撃的な意見や誤情報などが広まる一因ともみられている。

困難です。例えば、社会心理学者の Dr. Jennifer Eberhardt（ジェニファー・エバーハート博士）[g] と Dr. Jason Okonofua（ジェイソン・オコノフア博士）[h] は、幼稚園児から高校生までを受け持つ教師が、教室で生徒が問題を起こした場合にどのように対応するか、生徒の人種別に調査しました[6]。その結果、教師は白人の生徒よりも黒人の生徒が問題を起こした際に厳しく叱責する傾向にあるということがわかりました。つまり、教師が持つアンコンシャスバイアスによって、生徒に対する行動を変えてしまったのです。

　データサイエンスにおいて、アンコンシャスバイアスは AI のライフサイクルのあらゆるステップで影響する可能性があります。データの収集時に影響されるだけでなく、データサイエンティストがアンコンシャスバイアスに基づいて開発した際に、出力結果がこの誰にも認知されないバイアスに影響されてしまう可能性もあります。また、さらにアンコンシャスバイアスの軽減を難しくしている要因として、データそのものにも潜在的にそのバイアスが含まれている可能性があるのです。具体的には、データ自体に影響を与えてしまう常識という名の固定観念のことを指します。例えば、自然言語処理アルゴリズムが、「CEO」を「男性」、「秘書」を「女性」と結びつけるデータセットで学習されているかもしれません。このようにモデルを学習させる際のデータセットに潜在的にバイアスが含まれることで、特定の性別に対し偏見を持ってしまうことは NLP において頻繁に起こっています[7]。つまり、AI が性別と職業を関連づける際に、根本的にバイアスがかかった状態になっているのです。

構造的バイアス（Institutional Bias）

　現代社会において、ほとんど誰からも認知されないほど深く社会システムや風習に入り込んだバイアスがあります。人々は、性別・人種・年齢・性的指向など、日常生活で様々なセンシティブな属性に関わる偏見をしてしまう可能性

---

g　訳注：アメリカの社会心理学者であり、現在スタンフォード大学の心理学科で教鞭をとりながら、フィールド調査や実験室調査などの方法を通じて人種と犯罪に関わる心理的関連性について大きな貢献をしている。

h　訳注：カリフォルニア大学バークレー校の教授であり、現在は Jennifer Lynn Eberhardt 博士らと協力し、少年犯罪者の社会復帰に対する心理的障壁を調査するプロジェクトに取り組んでいる。

があり、そのような根深い偏見はデータに表れ、ひいては AI モデルに影響を与える可能性があります。つまり、モデルを学習させる元データに構造的バイアスがあると、AI の出力はそのバイアスを反映させてしまうのです。

　例えば、法執行における AI の一般的な活用方法を考えてみましょう。犯罪の発生場所を予測することは、治安を良くするうえで大きな価値があります。アルゴリズムを使って過去の犯罪データを分析すると、近い将来に犯罪が発生しそうな場所を推測することができます。一部の警察では実際にこの手法を用いており、AI を使ってパトロールを集中させるべき場所を分析しており、彼らの存在によって犯罪が抑制されたり事件発生時には迅速に対応したりできることが期待されています。このとき、使用データはあくまで過去のものであり、また人種などのセンシティブな属性が含まれていないので、警察官によるバイアスに影響されずに取り締まりを行える点は非常に魅力的です[8]。

　しかし、このアルゴリズムに学習させた過去のデータそのものに特定のコミュニティに対する偏見が入っていた場合、結果として開発される AI は構造的バイアスがかかっているのみならず、AI の中に永続的にそのバイアスが残り続ける可能性さえあるのです。さらに、この AI はフィードバックループを生み出すかもしれません。あるアルゴリズムが、ある都市の特定の地域で犯罪が発生すると予測し、警察がそれに対応するべく普段より多くの警察官をパトロールに向かわせたとします。結果、警察官の人数が増えたことでアルゴリズムがその地域での犯罪傾向が高くなったと示してしまい、さらに警察の出動回数が増えることにつながりかねないのです。このような AI の暴走は、限られたリソースを有効に活用できないだけでなく、法執行機関がその考え方にバイアスがかかったり不公平さを持ったりしてしまうことで、世間からの（正当な）抗議にさらされることも考えられます。

　このようなバイアスの種類を見てみると、AI が公平性を保つことの難しさがより明確になったかと思います。体制や教育を整備することで簡単に解決できる要素は 1 つもありません。様々な種類のバイアスが重なり合い人間の先入観やデータへの主観が入り組んでしまっていることで、AI の導入が企業にとって大きなハードルとなっています。企業は製品やサービスを提供することに注力していますが、AI を利活用するとなると、通常のビジネス領域をはるかに

超えた哲学的な疑問の解決や複雑な倫理的考察に取り組む必要が生じます。果たして、それができる体制は整備されているのでしょうか。それに取り組む時間、リソース、資金はあるのでしょうか。様々な法律や規則には企業はこのような準備に努めるべきだと記載されていますが、これは決して課題が単純化されるわけではないのです。

　ただ喜ばしいことに、ほぼすべてのユースケースにおいて、まったくバイアスのないデータを用いてAIを開発することが絶対に必要な条件だというわけではありません。実際、一部のバイアスはAIの機能に必要な情報であり、我々がすべきことはそのバイアスを最小限に抑え、バランスを取りながら最も効果的なAIツールを開発することなのです。

　BAM社に話を戻しましょう。最高人事責任者のVidyaは、書類審査時にAIシステムが正しく機能していないことに気がつきました。ログを見てみると、なんと女性が提出した履歴書のほとんどを不採用にしていたのです。これではまったく採用活動として意味がありません。彼女たちの中にも、経験豊富で学歴もある優秀な人材を幾人も確認できました。では、果たしてこのAIシステムはどこで判断を間違えているのでしょうか。

　性別で応募者を判断し不採用にすることは、労働力の不足以外の問題ももたらします。性別を理由に応募者を不採用にすることは労働者に不利益をもたらすだけでなく、企業にとっても差別を理由に訴訟されるリスクをはらんでいます。もし熱心なジャーナリストがこの問題を暴いたとしたら、会社の評判が大きく落ちてしまうような大問題になりかねません。また、監督官庁から指摘を受ければ、罰則が生じる可能性もあります。このように、性別を理由に応募者を判定するといくつもの問題が生じてしまいます。

　困惑し意気消沈したVidyaは、古い友人であるFrank（フランク）に会いに行きました。彼はBAM社でオペレーショナルマネージャとして長い期間働いた後、退職して同社の顧問を務めていました。Frankはよく「製造業は変わった」と話していました。昔のBAM社は溶けた鉄を動かし、巨大な機械を使う危険な仕事をしていたので、主に男性が働いていました。Frankは、「もちろん、製造業で働けるのは男性だけで、女性は肉体的に負担の少ない仕事をすべきだという愚かな考えが社会にあった時代の話ですよ。もっと多様性があれ

ば、他により良い働き方があったのかもしれませんね」と話しました。

　Vidya はあるアイデアを思いつき、はっとしました。AI はデータに基づいて学習されます。「その学習データはどれくらい古いものだったのだろうか。もしや、それがバイアスを生じさせた根源ではないだろうか。」と。

公平性におけるトレードオフ

　バイアスが存在しうるデータを用いると、アルゴリズム上に1つのトレードオフが出現します。例えば、データの質が良くなればなるほど、AI の精度は高くなりえます。しかし一方で、そのデータによって不公平な判断をしてしまう可能性も高くなります。人種に対するバイアスが内在するデータで学習させた AI ツールは、あたかも現実世界を完全に再現するかのように、人種差別をする可能性があり、同時に半永久的にそのようなバイアスをはらみ続ける可能性も高くなります。一方で、すべてのグループに対し同じような結果を出力する AI を追求する際は、私たちはデータの分散を小さくすれば十分なのです。そうすれば、AI の精度は低くなりますが、均一性としての精度は高くなります。これは単純な例であり、公平性に関わるバイアスの種類が増えればさらに複雑になるので、トレードオフを考慮するとすべてのバイアスを軽減させることは不可能だという研究結果もあります[9]。

　このことを踏まえると機械学習にはバイアスが必ず存在してしまうように思われるかもしれませんが、それは必ずしも悪いことではありません。例えば、男性よりも女性の方が多く発症する乳がんのリスクを生体データから判断する AI ツールをイメージしてみてください。この場合、公平性を確保しようとして AI が性別に依らずにリスクを判断できるようデータセットを調整することに意味はありません。この事例において、性別はリスクをスコアリングするために必要不可欠な要素であるのです。

　この事例を通して、AI には人間の介入と判断が重要であるということがわかります。すなわち、アルゴリズムが大量で複雑な計算を行い、その結果をもとに人間が意思決定すればよいのです。ただし、その際に AI 開発の中で公平性とは何かを論じ、今ある AI の出力がどの程度公平であるのか、あるいは公平だと信じられるのか、という根本的な問いに答えることはほぼ不可能です。

これらについて議論する必要があるならば、AI 開発時にはデータサイエンティストだけでなく、倫理学者や公平性についての専門家など、様々なステークホルダを集めなければなりません。

　公平性という概念は決して白黒つけられるものではありませんが、一部のユースケースでは他のユースケースと比べて公平性を担保することがより重要になる場合があります。例えば、サプライチェーンを効率化する AI ツールにおいては、公平性はそれほど重要ではないと考えられます。しかし、ローン、保険、各種社会サービス、教育機会など、人々の生活に直接影響を与えるようなサービスにおいては、公平性を担保することは極めて重要なことです[10]。個々のユースケースに対し公平性の担保をすべきかどうかを判断することは人間の仕事であり、公平性が欠如することで生じるリスクが AI を導入することによって生まれる利益を上回る場合は、その AI を使用するかどうかについて企業による意思決定が求められます。

　その際、AI の倫理ではなく、AI を検討・設計・構築・運用を行う人々の倫理がますます注目されます。しかし、このような倫理的問題を解決することはデータサイエンティストにとっては少し責任が大きいかもしれません。彼らは計算の世界で仕事をしているため、倫理的な問題に対し重要な判断を下せるほどの検討時間も知識も不足していることが多いのです。さらに、この問題は組織が何十、何百もの AI ツールを導入すればするほど、より一層入り組んだ問題になってしまいます。

　では、組織の中で、誰が重要な判断を下すべきなのでしょうか。AI 倫理最高責任者でしょうか。各ユースケースの調査を担当する委員会でしょうか。また、それぞれの業界における公平性とは何でしょうか。企業とエンドユーザーそれぞれの利益を追求するために、どのようなリスクを考慮しなければならないのでしょうか。データサイエンスチームにモデルの構築と倫理の遵守の両方を依頼することは、コストがかかってしまい企業にとってあまり良くない結果になりかねません。したがって公平性を追求するためには、ビジネスリーダーとデータサイエンティストの両方が責任を持つべきなのです。

AIの公平性チェックリスト

- あなたが所属する組織では、差別や偏見を防ぐために、適切なAIポリシーや内部統制を整備していますか？　また、アルゴリズムが公平性を担保するためには、どのような規制が必要だと考えられますか？
- 開発したアルゴリズムに、特定のグループに対する差別につながるようなバイアスがありますか？　また、その差別的な扱いは、適切な説明ができるような正しい行いですか？　どのようにバイアスがあることを知り、それへの対処が適切であるかチェックしますか？
- あなたが所属する組織は、AI開発に使用するデータをどのように評価・モニタリングしていますか？　また、データの出典はどこですか。データは、元々の母集団を適切に反映できていますか？
- 公平性が担保されていないことが発覚した場合、どのように対応しますか？
- AIによる出力結果が公平であることを顧客は信用できますか？　どのようにしてそれを証明しますか？
- あなたが所属する組織は、議会や規制当局、裁判所、あるいは関心を持つ一般市民の前で、AIの公平性に関わる自社の立場をどのように説明しますか？
- あなたが所属する組織は、公平性の欠如したAIによる最悪のシナリオや起こりうる風評被害について検討したことはありますか？
- あなたが所属する組織は、AIソリューションを開発・構築するサードパーティのリスクについて検討していますか？

公平性推進のための実践的アプローチ

　公平性を追求する際には、データの中にバイアスがないか、またAIモデルを設計・導入するチームの考え方にバイアスがないかを確認しなければなりません。公平・中立なAIを推進するための実践的アプローチは以下のような方法があります。

多様性のあるチーム作り

様々なバックグラウンドを持つ人は、おのおのがユニークな洞察を生み出すことができます。したがって企業のAIチームだけでなく、AIを利活用する人も含めたすべてのステークホルダが多様であることが望まれます。様々な人がAI開発に携われば、より有意義な議論をすることができ、またエンドユーザーを念頭に置いたより公平な判断ができるようになります。なおこのような共同開発は、単に奨励して終わりではなく、ルールを構造化しておくべきです。AIのライフサイクルの各ステップにおいて、公平性を評価するためのベンチマークや、多様な人々がAIの公平性を継続的に監視・検証できるようなプロセスを組み込み、内部からも外部からもAIをチェックできるようにしておく必要があります。

データセットの是正

データを収集した後は、オーバーサンプリングなどによってデータを是正し、アルゴリズムが公平な判断を出力するための十分な情報を得られるようにしなければなりません。例えば研究者がある地域の経済データを収集する際、真に代表的なサンプリングをするためには、例えばその地域に白人が多く住んでいた場合には人種によってデータセットに格差が生じないよう白人以外の住民からはより多くのデータを収集する必要があります。

データサイエンティストは、データが不均衡である場合にはそのデータを他のデータよりも大きく重みづけしたり（ただし、過剰な補正によって不用意に新たなバイアスを生じさせないよう細心の注意を払う必要があります）、あるいは、合成データを使用して欠損データを補正し、是正されたデータセットを作成したりすることが必要になる場合があります。他にも、例えば二次情報が集まった既存のデータセットの場合には、層別サンプリング（stratified sampling）を使って調査することも有効な手段として考えられます。データが層別できるほど明確な構成があるならば、この手法はデータの過不足を起こしにくくし、より真のランダムサンプリングを可能にします。

データの調査

　ではどのようなバイアスがあるかが不明な場合はどうすればよいでしょうか。例えば探索的データ分析（Exploratory data analysis）という手法では、データを調査し、バイアスをもたらしている可能性が高い特徴量を探すことができます。また、データがカテゴリデータである場合、1つのアプローチとしてクロス集計（cross-tabulation）という手法も挙げられます。これは特徴量の相関を調べ、異常値を探しだす方法です。他にも相関行列を用いた分析（correlation matrix analysis）では、2つの特徴量の間にある相関を計算することで、さらに一歩踏み込んだ分析ができます。これらの手法を実施すると、データからAIモデルの構築に役立つ深い洞察が得られるだけでなく、特徴量同士の想定外の相関関係を目立たせることができ、データサイエンティストがデータセット内に潜むバイアスを調査する際の指針にもなります。

ステークホルダによる参画

　これらの技術的なアプローチは、解決策の1つに過ぎません。データやモデルを扱う人々もまた、バイアスの原因となる可能性があります。データサイエンティストが自身の持つバイアスに気づかないかもしれませんし、その他のステークホルダも、ほとんど感じることができないほど根深い組織的なバイアスは気づかないかもしれません。その際には、自身の考えを見直し、AIの公平性に影響を与えうるバイアスを見つけ出すための訓練や教育が必要となるのです。

フィードバックやパフォーマンス評価を受けるプロセスの整備

　これまでに挙げたような先進的かつ実践的アプローチに力を注いだにもかかわらず、モデルにバイアスが残ってしまう可能性があります。組織はそのことを認識し、多様なエンドユーザーからフィードバックを受け、残存するバイアスについて検討できるプロセスを整備しなければなりません。例えば、あるAIサービスの公平性を評価する場合には、そのサービスを代表しないグループにおけるAIのパフォーマンスを評価するのです。ただそのためには、テストデータ全体、およびセンシティブ属性によって分類されたそれぞれのグルー

プにおけるテストが必要になります。

　以上のようなバイアスへの対処は、公平で中立な AI の開発や導入に直接影響します。そして、倫理的要請を遵守することにより、ステークホルダから期待されるビジネス価値を提供することができるようになるのです。

AI の公平な未来に向けて

　最高人事責任者の Vidya は、BAM 社のデータサイエンティスト、AI マネージャ、専任のアドバイザを招集し緊急会議を始めました。彼女の質問はただ1つ、果たして応募書類選考 AI で用いた学習データは、会社の特定のポジションにおいて男性を優遇するものだったのかということです。皆はデータを調査し、アルゴリズムの検証を始めました。その結果、彼女は1つの結論を得ました。

　このデータセットには、「工場の現場での仕事は肉体的にきついので、ある年齢と経歴の男性だけが適している」という誤った認識が反映されていたのです。この検証により、一見してはわからないような、深く埋もれた本質的な偏見が明らかになりました。すなわちこのデータセットは、「女性はそれほど肉体的に強くないので、工場での仕事はできない」ということを示唆していたのです。

　このような偏った考え方により、AI は企業が本当に欲していた人材を大きく遠ざけていたのです。企業が求めていた能力は、重いものを持ち上げることができる人ではなく、思考力が高く、より良質な判断ができる人なのです。Vidya はデータサイエンティストチームにより良いデータを作成するよう指示を出し、AI エンジニアはモデルを一から訓練しなおす作業に取り掛かりました。

　このようなシナリオは、製造業だけでなく幅広い業界で起こりえます。しかしながら、BAM 社のようにはっきりとわかりやすい問題となって現れることはほとんどありません。そもそも、公平性の問題が AI のユースケースに基づいて発生する倫理的な問題であるとは限らないのです。

　最も難しいのは、使用データが個人に与える影響を検証した結果、公平性の問題がある「可能性」がある場合です。例えばヘルスケアの観点から考えてみ

ましょう。患者の発症率を予測する場合（例えば鎌状赤血球症はアフリカ系遺伝子を持つ人々に多く見られる）には、AI が適切な予測をするために人種や性別などのセンシティブな情報を用いる必要があります。すなわち、データセットには個人の属性が含まれていなければなりませんが、では例えば患者の郵便番号も含める必要があるのでしょうか。意図しないバイアスがかかってしまい、不公平な結果にならないでしょうか。

　倫理的な問いであるにもかかわらず「多分」と答えてしまうこうしたグレーゾーンこそ、データサイエンティストや組織のリーダーがバイアス・公平性・AI の精度の互いの関係性について深く考えなければならない場所なのです。これらの項目は個々のユースケースに即したバランスを考えながら取り扱うべきであると同時に、AI を開発する組織・人々・企業への影響や、AI そのものの未来を考えるうえで重要な項目でもあるのです。AI がその可能性を最大限に発揮できるかどうかは、私たちの選択にかかっています。AI は社会に大きな影響を与える可能性が高く、また世界を変える可能性も高いことを私たちは自覚しなければならないのです。

　組織は AI を利活用する目的とその際に必要な公平性について適切に定義し、企業の利益だけでなくすべての人の利益のために動く AI を構築することが義務づけられています。これを怠ると罰金やブランドの毀損など厳しい結果が待っていますが、同時に良い結果をもたらす場合もあります。長年データセットにはらんでいたバイアスが明確になりそれが取り除かれれば、社会をより公平な未来へと前進させることができるのです。

Trustworthy AI

今、あなた方は新しい存在だ。しかし、今からそう遠くない時期に、あなた方も徐々に古い存在となり、排除されることになるのだ。

Steve Jobs（スティーブ・ジョブズ）[a]

第3章　堅牢性と信頼性

　BAM 社において、Mariam（マリアム）はキャリブレーション[b]に関する問題を抱えており、顧客からも苦情が寄せられていました。ベトナムにある 2 つの工場から出荷される部品は、品質が低いものばかりだったのです。返品が相次ぎ、これに応じるための負担も大きくなっていましたが、Mariam はなぜこれらの工場がこんなにも多くの問題を抱えているのか、その原因を突き止められないでいました。

　彼女は現地のプロセス、人材、管理方法など、問題の原因となりそうなことを十二分に掘り下げていました。そして、この不調が起こるまでの経過に焦点を当てる中で、ある高精度研削盤のキャリブレーションを実行する AI システムを導入してから問題が発生したことに気が付いたのです。

　不可解だったのは、他国に設置された機械もすべて同一で、ゆえに AI システムも同じものであったことです。ドイツの工場も、北米の工場も、顧客の仕様に合わせて生産していました。なぜ、ベトナム以外の地域では AI システムが問題なく使えているのでしょうか。その疑問は解決されないまま、返品と顧客からの苦情は蓄積されていきました。

　AI モデルの訓練では、データセットが実世界を反映する代理人となります。あるデータセットでモデルを訓練し、別のデータセットでテストし、類似の結果が得られれば、そのモデルは運用環境でも機能するものと期待されます。研究室で機能するものは実世界でも一貫して機能するはずですが、それはどの程度の期間でしょうか。AI の分野では完璧な運用というのは稀であり、実世界

---

b　訳注：測定器の精度を基準に合わせるための調整などを指す。

のデータは乱雑で複雑です。それゆえ、AI研究の第一人者である Andrew Ng（アンドリュー・ン）が「概念検証から実運用へのギャップ」と呼ぶ、モデルは求められるとおりに訓練されるものの、実運用に移行すると失敗するという現象が発生しています[2]。これは堅牢性と信頼性の問題でもあります。

　出力の正確さに一貫性がなく、時間とともに劣化する場合、その結果は不確実性を孕んだものとなってしまいます。ゆえにデータサイエンティストは、実世界のデータが変化する中で、証明可能な堅牢性と一貫した精度を持つ AI モデルを構築しなければなりません。情報の流れの中においては、アルゴリズムが想定外の動きをし、モデルへの入力の小さな変化が機能の大きな変化に連鎖してしまうことがあります。

　確かに、すべてのツールが大きな変化の発生しうる環境で動作するわけではなく、ゆえにすべての AI モデルが一様に不正確または信頼できないというリスクを孕むわけではありません。AI を導入する企業にとって重要なのは、AI に関する戦略の一環として、堅牢性と信頼性を評価し、動的な環境におけるエラーを管理、修正できるプロセス、人材、技術を揃えていくことです。

　そのために、まず、堅牢で信頼できる AI についての主要な概念をいくつか紹介しましょう。

堅牢な AI と脆い AI

　国際標準化機構（ISO）は、AI の堅牢性を「いかなる状況下でも一定の性能のレベルを維持できる AI システムの能力」と定義しています[3]。堅牢なモデルでは、訓練時、テスト時、運用時のそれぞれにおけるエラー確率がすべてほぼ同じになります。そして、運用中に予期せぬデータに遭遇したり、モデルが理想的でない条件で動作したりしても、堅牢な AI ツールは正確な出力を出し続けるのです。

　例えば、あるモデルが訓練データセットに含まれるすべての飛行機の画像を識別でき、テストデータでも高い性能を発揮することが証明されていれば、そのモデルは、たとえこれまでに遭遇したことがないデータセットであっても、飛行機の画像を識別できるはずです。しかし、ピンク色の飛行機、夕暮れ時の飛行機、翼がない飛行機、斜めから見た飛行機などについても、このモデルは

同様に高い性能を発揮するといえるでしょうか。性能が落ちるのであれば、どの時点でそのモデルが使えなくなるのでしょうか。

　環境の小さな変化が機能や精度に大きな変化をもたらす場合、そのモデルは適応性がない、もしくは「脆い」と見なされます。脆さはソフトウェア工学で知られる概念ですが、これは AI にも当てはまります。結局のところ、すべての AI モデルは、ある程度脆いと言えます。私たちが利用している様々な種類の AI ツールは、その機能と用途に特化したものであり、要は、私たちが訓練したことだけを行うように AI が作られているためです。

　これにはついてはもう 1 つ考えるべき要素があります。AI を導入、管理する側は、実世界のデータが変化することで、時間の経過とともにモデルの精度がどのように劣化していくかを評価しなければなりません。「モデルドリフト」と呼ばれる現象では、AI ツールの予測の精度は、モデルに情報を伝える役割を果たす基本的な変数が変化するにつれて劣化します。かつては信頼できた信号やデータソースが信頼できなくなることがありうるのです。ネットワークに予期せぬ不具合が生じると、データの流れの変化に影響を及ぼすこともあります。

　チェスをする AI については、チェスのルールと、AI が遭遇する盤面の動きが予測可能で静的であるため、長期にわたって堅牢性を維持できる可能性があります。一方で、自然言語処理を用いたチャットボットは、話し方、口語、誤った文法や構文、その他の様々な変化する要因があり、非常に流動的な環境の中で動作します。機械学習では予期せぬデータや不正確な計算がモデルを迷わせるため、はじめは堅牢であったツールであっても、修正策を講じない限り、脆く崩れ去ってしまうものなのです。

信頼性の高い AI の開発

　欧州委員会の共同研究センターは、信頼性を評価するには性能と脆弱性を考慮する必要があると述べています[4]。信頼性の高い AI は、訓練データに含まれていない入力、いわゆる OOD（out-of-distribution）入力があっても期待通りに動作します。OOD 入力とは、訓練データとは異なるデータポイントであり、信頼できる AI はデータが OOD であるかどうかを検知できなければなりませ

ん。この点における課題として、モデルによっては OOD 入力を高い信頼度で分類可能である、つまり AI ツールが表向きは信頼できるものの、実際はそうとも限らないことが挙げられます。

　例えば、自律型配送ロボットを考えてみましょう。このロボットのナビゲーションを担当する AI は、目的地までの最短経路を見つけられるように最適化されています。歩道、道路、横断歩道、縁石、歩行者、その他あらゆるものを認識するために必要なすべてのサンプルデータが訓練データセットに含まれています―小道に交差する線路を除いて。ロボットの動作中、進路上に線路があることを確認すると、線路は OOD であるが、AI はその線路を新しい種類の歩道であると高い信頼度で計算し、それを踏まえて配達を迅速に行おうとします。この場合、AI は明らかに OOD 入力により迷走しているといえます。電車に轢かれなければ、配送ロボットは「これは利用可能な道だ」と判断し、他の線路を探すかもしれません。そして、電車が来るまでは、運用担当者は何にも気づくことはできないのです。

　信頼性の高い AI は、どんな新しい入力に対しても正確に動作しますが、これは平均的な性能の高さとは異なるものです。平均的な性能が高いモデルでも、時折、重大な結果をもたらす出力を行うことがあり、信頼性が損なわれることがあります。AI ツールの正確性が 80% であったとして、これは信頼できるモデルなのでしょうか。関連する問題として、操作による自然な結果であれ敵対的な悪用による結果であれ、そういった脆弱性に対する適応力というものがあります。

深層学習の一般化における課題

　深層学習と呼ばれる機械学習の一領域は、産業やビジネスモデルを変革する強力な革新と AI の活用をもたらしました。深層学習は、システムが訓練され意図されたことを行うように出力を計算するため、部分的に、データのパターンを識別するように動作しています。

　人はパターンを識別しオブジェクト間の関係性を理解できるため、パターンを意味として解釈することができます。ゆえに、熱いものに触れると火傷す

る、鍋は熱いから触ると火傷する、鍋の下のバーナーが熱を発しているから鍋が熱くなるということを、人は子供の頃から知っているのです。

　これは、現在の AI の認知能力をはるかに超えています。AI ツールには、データ間の相関関係を推定することはできても、因果関係を特定することは困難なのです。

　工場では、AI が制御するロボットアームが、製造された部品をベルトコンベアから取り出して箱に入れるように訓練されています。AI は、静的な環境で 1 種類の物体を 1 つの向きで摑んで動かすように細かく調整されています。人間の場合、腕で物体を摑んで動かすことは、どんな場面、どんな物体についても同様に行えると直観的に理解できます。しかし、ロボットアームにとっては、部品の形状が変わったり、ベルトコンベアの動きが速くなったり、機械の設置位置が一段高くなったり低くなったりすると、ツールの精度が落ちたり、壊滅的な故障に見舞われる可能性があるのです。汚れた食器を食洗機に入れたり、食料品を車のトランクに入れたりするような、異なる用途に対して、ロボットが物体を摑む機能を一般化することは、どれほど困難なことなのでしょうか。重要なのは、AI で制御されたロボットアームは、純粋にルールに基づいてハードプログラミングされた同等品よりも堅牢かもしれないということです。しかしながら代替品よりも堅牢に機能するからといって、それ自体が信頼を生むわけでも、一般化できる機能をサポートするわけでもありません。

　課題の 1 つは、AI システムが、自分たちが成し遂げるべきタスクを「理解」していないことです。人間とは異なり、AI には実世界に対する理解が欠落しています。ロボットアームは、部品と箱だけで構成された世界に存在し、そこには食器や食料品はなく、一般的な能力としての「摑む」、「動かす」という概念もありません。モデルは、訓練データからテストデータ、そして実世界のデータへと入力の対象が移行するにつれ、データや環境に変化があっても正確さを保てるような柔軟性がより必要とされていきます。そして、なぜそれが必要なのかの理由を理解することなく、正確性を保たなければならないのです。

　AI ツールの堅牢さや脆さは、変化する環境だけでなく、最適でない環境にも

転用できるかにより決まる部分があります。高解像度の CCTV システムで正確な出力を行う顔認識ツールが、低解像度のビデオシステムに転用されると、精度は劣化すると考えられるでしょう。この場合、入力されるデータの品質の低下がツールの機能性を下げるため、モデルの転用性は低く、脆いモデルであるとみなされます。

　現在、AI ツールの汎用性を高める研究が行われており、すでに様々な環境下で精度や能力を訓練できるプラットフォームやロボット工学が存在します。しかし結局のところ、一度訓練されたモデルは、モデルやデータ、コンセプトドリフトに対し十分な対応力を持たず、必然的に脆さが表出することになるのです。ここでの課題は、可能な限り信頼性が高く安定した性能を、必要な期間だけ発揮できるようにモデルを訓練することになります。

AI の信頼性に影響を与える要因

　BAM 社の技術責任者である Mariam は、ベトナムの工場で不良品が出る原因を探るため、データに対しより詳細な調査を行いました。データセットの選定と整理を担当したデータエンジニアに声をかけ、モデルの訓練を行なったデータサイエンティストとも話をしました。ベトナムの工場長たちとも会話をしましたが、彼らもまた、彼女と同じように動揺していました。というのも、AI システムが導入されるまでは、工場は順調に稼動していたからです。

　訓練データ、実世界の環境、そして AI の性能の間にはどこかに不整合があり、Mariam はただそれを見つけなければなりませんでした。

　ある夏の夕方、Mariam はその謎を解くことができないまま、帰路の途中、車を走らせていました。この時期にしては珍しく空気が湿っており、車のフロントガラスや窓の内側が曇っていました。ガラスの曇りを取り除くために冷房をかけようと空気の循環ボタンに手を置いたその瞬間、彼女は固まりました。

　湿度だ。

　Mariam は慌てて U ターンし、事務所に戻りました。

　Mariam は、堅牢で信頼性の高い AI を構築し、活用するための主要な課題に対する解決の手がかりを見つけたのでした。この課題を検討するには、コンピュータ科学における貴重な知見が役に立ちます。すなわち、データの信頼性と

信頼性工学ᶜという2つの分野です。これら2つの分野の概念は、AIの信頼性における優先順位と課題に対する手がかりを提供してくれます。

データの信頼性に関する教訓

　モデルの品質は、その開発のために用いられた訓練データとテストデータによって決まります。実世界を表現しているデータの品質が信頼できないものである場合、運用環境におけるモデルの出力も、正確さにおいて信頼できないでしょう。米国政府説明責任局は、データの信頼性は以下の点により決まると指摘しています[5]。

- 適用性：データの品質についての妥当な計測値があるか。
- 完全性：すべての属性のうちどの程度がデータセットに含まれているか。
- 正確性：データセットの収集源が実世界を反映しているか。

　これらはAIと同様、信頼できるデータの共通的な構成要素です。データセットは十分に整理され、場合によってはラベルづけされ、あるいは他のデータを統合し補完される必要があります。統合により欠落したデータポイントの補完や、訓練に使用できない（あるいは使用すべきでない）保護情報を埋めることが可能です。また、潜在的なバイアスがモデルの訓練に影響を与え、望ましくない出力や予測を行わないよう、データを精査する必要があります。

　AIツールと同様に、実世界の運用データについても、傾向の変化やデータサイエンスについての新たなニーズがないかをモニタリングする必要があります。例えば、感情分析を行うモデルが十数個の変数で感情に関するスコアリングを行うように訓練されているとしても、モデルの導入後は、AIチームはモデ

---

c　訳注：信頼性の用語は［JIS Z8115］において、「アイテムが与えられた条件で規定の期間中、要求された機能を果たすことができる性質」と定義されている。信頼性工学とは、この信頼性という概念を、信頼度という定量的な尺度で取扱い、設計や保全に役立てる学問体系のことをいう。https://www.jsme.or.jp/jsme-medwiki/07:1006203#:～:text=reliability%20engineering&text=%E4%BF%A1%E9%A0%BC%E6%80%A7%E5%B7%A5%E5%AD%A6%E3%81%A8%E3%81%AF,%E6%A7%8B%E9%80%A0%E4%BF%A1%E9%A0%BC%E6%80%A7%E5%B7%A5%E5%AD%A6%E3%81%A8%E3%81%84%E3%81%86%EF%BC%8E

ルのドリフトと再訓練の評価で必要な他の変数も検討するのです。

　信頼性と同じく、データの適用性も静的なものではありませんし、同様にデータの正確性も、センサの性能、遅延や可用性の問題、またはデータの信頼性を阻害する既知の要因に基づき変動する可能性があります。

信頼性工学におけるロングテールへの対応

　信頼性工学の現場でよく言われるのは、規模を大きくすると信頼性のグラフがロングテールを描くようになるということです。例えば、テスト時や導入時に期待通りの性能を発揮する平均性能の高いAIモデルを考えてみましょう。開発時において信頼性の高い出力が得られたとしても、導入後の長期にわたる信頼性が保証されるわけではありません。AIツールの規模や影響が大きくなるにつれて、不正確さが残る可能性が増大します（これが「テール」の意味です）。

　信頼性が重要視される一部のAIシステムでは、ほんの数個の誤った出力が致命的な結果をもたらす可能性があります。例えば、病気の検出においてAIの能力は高まりをみせており、医療分野においてAIへの大きな期待が寄せられる一方、生死を分けるような状況下において、平均性能が高ければ十分に信頼できると言えるのでしょうか。AIの性能が人間の判断を上回る場合（放射線検査で悪性腫瘍を特定する場合など）であれば、信頼性に一貫性がなくとも、許容されるかもしれません。しかしその他の場合（ロボット支援手術など）では、入力の新規性やOOD入力に関係なく、ほぼ完全な信頼性が必要とされます。すべてのAIの活用事例において、ツールを導入する組織は、AIの価値に対するAIの信頼性の重要性を自分たちで見積もっておくべきであると考えられます。

　AIにおける信頼性工学では、モデルの出力の正当性の判断を独立に行えるよう、システムをエンドツーエンドの視点で把握することが必要となります。これには、技術のインフラ、データ収集と管理、モデルの分析などの理解が含まれます。データサイエンスチームは、AIの訓練と管理に関する要因と、機能に対する包括的な理解に基づき、ツールを大規模に展開したときに発生しうる信頼性の問題の軽減と、そのモニタリングを行うことができます。

堅牢性と悪意のある人

　AIツールは、安全性とセキュリティに対する脅威に満ちた実世界の環境に導入されます。モデルの堅牢性を決める点として、「敵対的サンプル」に直面しても、モデルが正確な出力を出し続けられるかが挙げられます。敵対的サンプルとは、モデルを騙して不正確な出力を行わせることができるデータ入力であり、悪意のある人によってもたらされます。

　例えば、家畜を識別するように訓練された画像認識システムがあるとします。もし攻撃者がシステムの仕組みとその騙し方を理解していれば、馬の写真を撮り、人間の目には識別できないピクセルレベルでのわずかな修正を行えます。修正前後の画像は人間には同じように見えますが、AIモデルにとっては、演算値が大きく異なるため、鶏と牛を誤って識別してしまうのです。

　このようなAIの堅牢性に対する脅威は、身近にある「知識」の問題を反映しています。画像認識システムは、くちばしのある小鳥とひづめのある大型哺乳類の区別などの常識を持ち合わせていませんし、動物が何であるかも理解していないのです。根底にあるアルゴリズムは数学的要素のみで構成されているため、画像のピクセルを適切に調整した敵対的サンプルにより、AIに（高い信頼性を持って）牛を鶏であると間違えさせることができるのです。

　敵対的サンプルの事例は広く報道されているほどには頻繁に発生はしていないものの、実際に攻撃は起こっており、アプリケーションによっては深刻な結果を招くこともあります。敵対的サンプルに対して堅牢なシステムを構築するための技術はまだ発展の途上にあります[6]。組織は、AIの価値に照らし合わせたリスク軽減の対策について、検討すべきであると言えるでしょう。

考慮すべき影響

　システムにおいてどの程度精度が重要であり、どの程度安全性を重視すべきなのかという問いは、すべてのAIアプリケーションが問われるべき重要なものです。AIの精度の良し悪しは場合によって異なり、また一時的なものでもあるため、モデルの導入においてはリスクとそれに対するリターン、そしてモデルが与える影響について考慮する必要があります。

　AIアプリケーションの中には、精度が悪いと些細な、あるいは代償が小さい影響をもたらすものがあります。例えば市役所で会議の文字起こしをする音声認識システムにおいて、いくつかの単語を誤認識したとしても、その影響は些細なものです。システムの精度が80%もあれば、その地域におけるニーズは十分に満たし、システムの堅牢性も適切であると言えるでしょう。

　しかし他のアプリケーションでは、不正確であることの代償は大きく、堅牢性が非常に重要になります。出力が生死に関わるようなシステムでは、AIの信頼性は非常に重要です。80%の確率で歩行者を避ける自律走行車は、信頼できる車とは言えません。同様に、皮膚がんを検出するシステムが、女性よりも男性に対して高い精度を出す場合、それは一部の患者の生命を脅かす可能性があるだけでなく、医療におけるAIの活用に（当然ながら）深い不信感を抱かせることにもなるのです。

　一方で、ビジネスの機能を支える土台としてその重要性を増しているシステムのネットワークは、AIシステムが不具合を起こした場合の影響の範囲を決める要因となりえます。予測に基づくサプライチェーンの管理が不正確となることで企業の運営を脅かし、また、製品の管理ツールによる誤った配信により、多くのデバイスでシステム破壊を行うバグを生むなどの結果が生じる可能性があるでしょう。従業員のスケジュール管理、資産評価、製造ミスの改善、人材採用、顧客対応など、AIシステムが導入されるどの領域においても堅牢性は重要な要素であり、AIの利用価値が高いほど、その不正確さや失敗がもたらす影響も大きくなるのです。

　AIの利用価値が高いユースケースにおいて、堅牢でないAIを導入した企業は、規制や法的措置にさらされる可能性もあります。致命的な失敗や不正確さは、罰金、民事訴訟、場合によっては刑事責任を問われる可能性があります。また、市場における評判の低下や、将来的なAIの取り組みに対する社内の賛同が得にくくなるなどのリスクもあり、昇進の妨げや解雇という形で、ビジネスリーダーに影響が及ぶ可能性もあるのです。

AI の堅牢性と信頼性チェックリスト

- あなたの組織の AI システムは、理想的でない条件において、また予期せぬ状況やデータに遭遇した場合に、意図した通りの動作を行うことができますか？　アルゴリズムは、新しいデータセットが増えるたびに、信頼性の高い結果を出力しますか？
- モデルの開発時において、意図した通りに開発されるような適切なコントロールが行われていますか？　不整合や問題が発見された場合、どのようなプロセスを踏む必要がありますか？
- あなたの組織は、AI システムを十分にモニタリングすることができますか？
- あなたの組織は、ビジネスに重要な影響を与える複雑な AI システムについて、欠陥に即時対処するためのプランを用意していますか？
- 信頼性を確保するために、どれだけの人間の関与が、プロセスのどの時点で必要ですか？　そしてその関与は誰が行いますか？
- 関与する人たちは、信頼性についての責任を負うだけの能力を有しますか？　この人たちは会社のガイドラインやポリシーに基づく訓練を受けていますか？

堅牢で信頼性の高い AI を構築するための先進的な実践方法

　なじみのないデータや悪意のある人にモデルの動作を妨害された場合にせよ、精度が劣化した場合にせよ、組織は自分たちの AI の取り組みに対して、導入のリスクを評価する能力、意図した仕様と照らし合わせ性能を追跡する能力、堅牢性を測定する能力を獲得し、信頼性が低下した場合にモデルを修正するプロセスを組み込む必要があります。AI の堅牢性と信頼性を高める活動には以下のようなものがあります。

信頼性のベンチマーク

　モデルの訓練が進行中であっても、信頼性の追跡と測定に最も有効なベンチマークを特定し、定義しましょう。人間のパフォーマンスもベンチマークに含まれるかもしれませんが、深層学習モデルが人間の認知に対する模倣の試みであることを踏まえると、それは適切であると考えられます[7]。

データ監査の実施

　テストの一環として、データの信頼性評価と是正処理の方法、そして訓練用のデータをサンプル抽出し、レビューしましょう。データの品質と信頼性を調査するために、ステークホルダ（IT責任者、法務専門家、倫理学者など）を巻き込みましょう[8]。AIモデルは実世界を反映したデータセットを必要とするため、データ監査の一環として、データセットがどの程度バランスよく、偏りなく、適用可能で、完全であるかを調査しましょう。

信頼性の経時的モニタリング

　信頼性は、AIのライフサイクルを通じて変化します。モデルの出力や予測が期待と乖離する場合には、分析と調査のためにデータをカタログ化しましょう。この分析によく用いられるデータ種目として、time-to-event（モデルが期待と乖離するまでの時間に関する情報）、degradation data（モデルがどう劣化するかに関する情報）、recurrent events data（複数回発生したエラーに関する情報）が挙げられます[9]。

不確実性の推定

　信頼は洞察から生まれます。AIがどのように機能しているかについてより効果的に可視化するため、モデルの予測結果とともに不確実性の程度が出力されるツールが出てきています。これは、堅牢なシステムにおける信頼につながります。モデルが高い不確実性を示した場合、それは人間の運用担当者やネットワークを介してつながった他のAIにとって貴重な情報となります。不確実性の推定値は、ドリフトを起こしているモデルに警告を発し、データの変化を強調し、敵対的サンプルがデータストリームに入り込んだことを気づかせるこ

とができます。

ドリフトの管理

　運用担当者は、実稼働中のモデルの入出力をリファレンスセット内の入出力と比較することで、ドリフトを評価することができます。テストデータの入力と訓練データの入力について、類似度が一対一ベースで計測され、出力については セグメンテーションが実行されます。入力と出力がリファレンスセットに対してどのように変化しているかを詳細に把握することで、人間の運用担当者は是正処理（モデルの再訓練など）をとることができるようになります。

継続的な訓練

　事前に定義された許容閾値に対するモデルのパフォーマンスをモニタリングするため、継続的な訓練が可能なワークフローを構築しましょう。この閾値には、小さな変化に対してシステムの精度がどの程度耐えられるかを示す指標や、システムと運用環境の安全性に関する制約が含まれる場合があります。この一環として、AI モデルの監査可能性、透明性、再現性を確保するために、データのバージョン管理のフレームワークを使用し続けましょう。

継続的なテスト

　AI が意図した機能に対して十分に堅牢であるかを評価するために、変動性（システムや訓練データの変更など）を含むテスト項目を作成しましょう。モデルの堅牢性と正確性をチェックする頻度は、モデルの優先度と更新頻度に基づき決める必要があります。リスクが高く、定期的に更新されるモデルは、毎日のチェックが最適かもしれません（人間による出力の検証が望ましい）。更新頻度が低く、優先度の低いモデルについては、より頻度を下げたチェックにすればよく、場合によっては、機能の自動評価のための API を利用してもよいでしょう。これらのチェックの結果、例外や不一致、意図しない結果などがあれば、調査して解決する必要があります。

代替手法の検討

　堅牢性と一般化可能性が活発な研究分野であることを考えると、新たなツール、デザイン、戦術が継続的に出現し、この分野を発展させていくことでしょう。これらは技術的なアプローチとなる可能性が高いため、組織におけるデータサイエンスの専門家は、モデル開発のみならず、新しいアイデアがすでに導入されたAIをどのように支えられるかについて、探求する立場にあると言えます。例えば、「リプシッツ制約モデル」は、ニューラルネットワークが敵対的サンプルに対しより堅牢になるために有効な境界微分を備えています[10]。簡単に説明すると、リプシッツ制約モデルは、入力における小さな変化が出力にほとんど影響しないように作用し、そしてこれを証明することができるモデルとなっています。

堅牢で信頼性の高いツールを目指して

　Mariamは、チームと共に訓練データを調査した結果、ベトナムにおけるキャリブレーションに関する問題の原因を突き止めました。それは、彼女はもちろん、他の誰も予想していないことでした。データセットは、大気中の過剰な水蒸気がキャリブレーションに与える影響を十分に考慮したものではなかったのです。その影響は、テストでは気づかないほどわずかなものでしたが、実世界では大きなものとなりました。

　この原因が判明したのち、AIシステムは取り除かれ、再訓練が開始されました。ベトナムの工場では、機械のキャリブレーションを人間が行うのと同様のレベルに徐々に生産性が戻っていきました。顧客は仕様通りの注文を受け取り、クレームはほとんどなくなりました。BAM社にとって、この一連の出来事は大きな教訓となりました。細部にまで気を配ったのにも関わらず、たった1つの不十分な要因のせいで、強力なAIが脆く使い物にならないツールになってしまったのですから。

　これまでのソフトウェアの成功は、どんな技術的なツールであれ、大した注意を要さずとも意図した通りに機能するだろうという期待を私たちに抱かせることとなりました。賢そうなツールを外部から購入または構築しようとする場

合、組織はそのモデルが使用時にどの程度堅牢であるか、その機能をどの程度のタスクに移行できるか、どの程度のリソースがツールを長期間モニタリングし管理するために必要になるのかを検討する必要があります。

　今後無数のツールが大規模に展開されると、より重大な影響を及ぼす可能性が高まるため、堅牢性と信頼性の確保はより一層重要になります。脆い AI は、業務を妨げ、不適切な相互作用を引き起こし、不良なデータを企業のシステムにフィードバックし、そして究極的には導入の目的であった価値を発揮できない可能性すらあるのです。

　組織にとって重要な洞察は、AI が信頼されるためには、実世界の状況においてそのライフサイクル全体を通じ、AI が堅牢で信頼性の高いものでなければならないということです。モデルが出くわす可能性のあるすべてのシナリオが、モデルの精度に影響を与える可能性があり、その緩和策が設計、運用、管理に織り込まれているということ。私たちは、このことに対する信頼を、必要としているのです。

Trustworthy AI

数理科学は、物事の間にある目に見えない
関係についての言語である。この言語を使い
こなすには、目に見えないもの、無意識のも
のを理解し、感じ、とらえることが十分にで
きなければならない。

　　　　　　　Ada Lovelace（エイダ・ラブレス）[a]

---

a　訳注：19世紀のイギリスの貴族、数学者。主にチャールズ・バベッジの考案した初期の汎用計
　　算機である解析機関の著作で、世界初のコンピュータプログラマーとして知られている。

第4章　透明性

　Walter（ウォルター）は、カンザス州ウィチタにある BAM 社で最大かつ最も生産量を誇る工場のマネージャを務めていました。Walter は、従業員の安全、生産流量、制約を守るために適切な判断が評価されている優秀なリーダーでした。あまりに優秀なため、操業責任者から装置の機能を監視する新しいAI を導入することを知らされたとき、彼は「不要です」と発言しました。機械にできて、自分たちにできないことがあるでしょうか。彼の働く工場は、BAM 社のグローバル事業展開の中で最も重要な工場でした。

　彼の反対にもかかわらず、システムは導入され、Walter はすぐに新たな留意点や注意を指摘する通知を目にするようになりました。中には、予知能力を持っているのではと思えるほど不気味な通知もありました。あるケースでは、旋盤の大型二次内部モーターの回転軸が、わずかに安全な動作パラメーターを外れていましたが、放っておくと問題になりかねないものでした。しかし、他の通知は発生していない問題を警告するもので誤りばかりでした。

　Walter は AI のことをよく知らないし、本社からの3ページのメモを除けば、新しいシステムがどのように機能するのか、見当もつきません。そして、このような不条理な警告もあり、彼は AI を信用していませんでした。

　そのため、「数時間以内に歯車加工機が壊滅的な故障を起こす」という通知を受けても、無視しました。そんなこと起こるはずないでしょう。

　信頼できる AI を実現するための多くの課題の核心は、透明性という概念です。これは、AI 倫理の他のすべての側面に影響を与える横断的な特徴です。透明性は、説明責任を果たし、説明可能性の発端となり、バイアスを明らかに

し、公平さを促進します。十分な透明性が確保されれば、バイアス理解やアルゴリズム生成に使用した学習データにまで遡ることができ、展開されたソリューションが正確だとわかります（または、正確でないとわかることもあります）。このような点で、透明性はAIに対する信頼に直結します。

　AI研究において、透明性はしばしば説明可能性と混同されますが、透明性はより広い論点を持ちます。透明性の論点には、AIのライフサイクルを誰に対し、どの程度明確にすべきかも含みます。ビジネスリーダーは、AIが企業でどのように使われているのか知っているのでしょうか。エンドユーザーは、AI自体がどのような影響を与えているのか認識しているのでしょうか。監査役や規制当局は、AIがビジネスでどのように使われているかを知っているのでしょうか。AIの透明性はプロセスの構成要素とみなされ、組織の倫理基準や想定に組み込まれているのでしょうか。

　これらの疑問やその他の疑問への対応は、信頼できるAIの開発と展開を目指す上で中核に位置し、企業にとって潜在的な価値を十分に発揮することもできないでしょう。この難解な倫理に足を踏み入れるにあたり、私たちはよりシンプルな質問から始めます。―「透明性があるとはどういうことなのでしょうか。」

AIにおける透明性の定義

　ビジネスにおける透明性とは、顧客との信頼関係を築き、ビジネスの健全性を推進するための重要な要素であると認識されています。社内の透明性は、チーム間のコラボレーションを促進し、非効率な点や問題を特定しながらイノベーションを引き起こします。サプライチェーンにおいても、透明性は、消費者心理（購入における判断材料として社会的責任を重視する傾向）だけでなく、効果的かつ予測可能なサプライチェーンマネジメントにも不可欠です[b]。透明性は、男女間の給与平等など、従業員間の平等な扱いを促進し、より多くの優秀な人材を惹きつけることにつながります。また、法律や規制との関連では、

---

b　訳注：例えば、スーパーで野菜が高騰した際、季節要因によって生産高が少ないことがわかれば、消費者としては納得するし、卸業者としても生産高が少ないながらも安定した仕入れ方法を検討することができる。

透明性の高い基盤の上で運営されている組織は、市場のルールを遵守し、必要に応じてその遵守を証明することができる立場にあるのです。

　これらの例は、それぞれの AI 導入において、今まさに始められている領域なのです。したがって、組織全体の透明性は、AI を取り巻く透明性とも言えるのです。

　AI に関して言えば、透明性とは、最も単純に、ステークホルダ間で共有されるデータセット、プロセス、用途、およびアウトプットに関する情報のことです[2]。AI における透明性とは、ツールの品質を指すのではなく、組織が様々なステークホルダ間でシステムの構成要素と機能に関し、理解を高める方法なのです。これにより、経営者、管理者、消費者などのあらゆる人が、個々の役割に関する十分な情報に基づいた選択を行えるだけの、AI への認識や洞察を持つことになるのです。そのための要素は、共有される情報の性質であり、様々なステークホルダにとってどれだけわかりやすいものであるかということです。

　OECD AI 政策に関するオブザーバトリーは、透明性には文脈に応じた意味のある情報が必要であると指摘しています。その団体の活動の目的は、AI における透明性に対する一般的な理解を深め、ステークホルダが AI と関わり合っていることや、その成果を理解し、場合によって自分たちに悪影響を及ぼす際に異議を唱えることができるようにすることです[3]。欧州委員会は、透明性に関して同様のビジョンを用いており、特にユーザーが AI と関わり合っているとわかった場合、提供される情報は「客観的で、簡潔で、理解が容易である」べきだと指摘しています[4]。

　透明性の本質は、単なる情報共有ではなく、ステークホルダの認識と意思決定にとって意味のある方法で知見を提供することです。例えば、ソフトウェアやオンラインサービスを利用するすべての消費者は、読まれないまま終わることが多い、とてつもなくボリュームのある「利用規約」の開示に遭遇します。企業にはこのような情報を提供する法的義務があるかもしれませんが、このようなアプローチは、利用者の知見や意思決定情報を効果的に促進することはあ

りません。AI における真の透明性とは、ステークホルダによる真の理解を意味しており、共有する意味について解釈する責任をステークホルダに負わせるのでは不十分です[5]。

　欧州委員会は、透明性を確保するために必要な要素として、トレーサビリティと説明可能性という 2 つの要素を挙げています[6]。トレーサビリティは、AI開発おいて学習用データから AI モデルのシステム設置まで、どういう風に動作するのか。どこに設置したのか、バージョン管理はどうしたのかといったドキュメント化に関係します。システムをしっかりと把握することで、問い合わせや監査への対応が容易になります。また、プロセスや機能に関する企業の内部評価にも役立ち、社内のすべての関係者が使用しているツールについて情報を得ることができます。一方、説明可能性とは、AI がどのようにアウトプットに到達するかを明確にすることに関係します。

　このように考えると、透明性は AI に対する信頼を促進するための道標となります。透明性は、正当性と完全性をサポートし、説明責任と新たな法律や規制の遵守におのずとつながります。AI における透明性はステークホルダのコミュニケーション方法を決める根拠となりうるのです。これは、業務や顧客との関わりにおいて透明性を浸透させるための他のすべての企業努力と連動しています。

透明性の限界

　AI のライフサイクルと機能のすべての要素が制限なく共有されるような、完全な透明性は望ましいものでもないし、潜在的に必要でもありません。他のビジネス領域などこの手の論点では、過度の透明性は予期せぬ問題を引き起こす可能性があり、一定の境界を引くことが重要です[7]。AI の場合、どの程度で十分なのか、どの程度なら十分なのか、どの程度なら過剰なのか、どの程度、誰に情報を伝えるべきかを決める必要があります。

　透明性について順を追って考えてみましょう。極端な例では、アルゴリズムそのものをオープンに公開することがあります。オランダのオープンガバメントのための行動計画 2018-2020[8] には「オープンアルゴリズムプロジェクト」が

含まれており、政府が使用するアルゴリズムを一般公開することが検討されています。これらアルゴリズムは市民、企業、社会全体に影響を与えるシステムのベースであることを考えると、そのアルゴリズムを公開することは透明性を高めることにつながり、民主主義国家においては実にメリットがあります。

　しかし、企業にとって、アルゴリズムやデータを公開することは、知的財産を開示することになりかねません。AIモデルの開発に投資している企業は、競争力を維持するために透明性を制限しようと考えます。さらに、ほとんどのステークホルダにとって、データやシステムといったテクノロジーへの閲覧は、内容を理解するための数学的な知識が不足していることもあり、特に価値がないかもしれません。このような場合、透明性を高めるには、システムがどのように機能するかをわかりやすく説明することが効果的かもしれません。

　先ほどのオランダの例で見た組織では、知的財産に対する脅威はないかもしれませんが、様々なステークホルダが多様なスキルやニーズを持っています。データサイエンティストは、データ、プロセス、機能、モデルのバージョンに関して十分な洞察を必要としますが、人事マネージャは、システムの機能に関する理解と出力に対する信頼性のみ必要となります。財務や規制担当のマネージャは、監査や問い合わせに対応するためにプロセスと出力の記録にアクセスする必要があるかもしれませんが、学習データや長期間にわたるバージョンの管理方法については理解する必要がないかもしれません。この場合、企業は各ステークホルダに対して、それぞれの役割に必要となる透明性の内容を考慮する必要があります。

　AIセキュリティの面で透明性に影響することもあります。例えば、ECサイトで顧客と対話する場合、AIがどのように動作するかについて多くの情報を開示すると、悪質な行為によってAIを操作されてしまう可能性があります。サイバーセキュリティを考えてみましょう。あるサイバープログラムが悪意のある活動をどのように識別しているかを広く公開すると、その弱点が明らかになり、サイバー犯罪者がそのプログラムを回避方法の検討に役立つ可能性があります。また、保険業界では、犯罪者が保険金請求アルゴリズムを知れば、不正行為の実行と隠蔽がより容易になる可能性があります。

　一方、データプライバシーに関する法律や規制が整備されつつあり、企業は機密情報保護や個人情報保護の義務に直面しています。透明性を追求するあまり、守ってきた情報や洞察が公開されると、モデルや企業に対する信頼が低下する可能性があります。このように、透明性とプライバシーの間にはせめぎ合いがあり、複数の利害関係者の利益を満足させるために慎重に対処しなければならないグレーゾーンが存在するのです。

　結局のところ、企業の場合はシステム、ユースケース、および情報を公開することによる影響を考慮しつつも、透明性を検討する必要があります。これは特に、主体的な意思決定と、信頼できる決定と認知された正当性とのバランスをとる場合に当てはまります。

ステークホルダへの影響を評価する

　Walter は、ウィチタ工場でその日の生産量を確認していました。すべてが予定通りに進んでおり、目標も達成できそうな勢いでした。帳簿類の整理を終え、何事もなく日が終わりかと思っていたとき、オフィスの窓ガラスに大きな音が響きました。工場から叫び声が聞こえ、Walter が駆けつけると、機械が黒煙を上げていました。その時、「ラインを止めろ！」と副社長が叫びました。

　煙を上げている機械は、AI が重大な故障を起こすと警告していた機械でした。生産はストップし、従業員は怪我を負いました。Walter は、通知を無視した自分を戒め、再発防止策の検討に着手しましたが、AI の挙動とその背景をもっと理解する必要があると思いました。しかし、BAM 社にはすでに AI を知っている人がいるので、Walter がそこまでする必要はなかったのです。

　透明性というのは、オール・オア・ナッシングではありません。どの程度の情報を伝えるべきか、AI の影響に関係する要因によって決まります。AI の透明性を評価するための最初の質問として、システムは影響の大きい意思決定をしているのかを挙げます。これは、消費者などのステークホルダに対する説明責任だけでなく、ミスに対するシステム改修内容を理解するためにも重要です。

　エンターテイメントソフトのトラブルシューティングを支援するチャットボ

ットを考えてみましょう。チャットボットがミスを犯したとしても、大きな悪影響を及ぼすことはまずないでしょう。チャットボットは規制の対象ではないので、顧客は賠償手段があるとしても、それを行使することはないでしょう。とはいえ、AIとやりとりしていることを顧客にわかった場合、騙されたと感じ、企業に対する信頼が損なわれる可能性があります。

同様に、トラブルシューティングに失敗すると、フラストレーションが溜まり、将来的に競合他社の製品を購入することを選択し、顧客の生涯価値が減少する可能性があります。適切な透明性とは、顧客がAIとやりとりしていることを通知し、将来のミスを避けるため、モデル改善に向けたフィードバックのための連絡窓口を設けることだけかもしれません。

例で挙げたチャットボット以外のAIの場合、規制対象となるような影響力のある決定をもたらし、重大な結果につながる可能性があります。AIを使って個人の貸し倒れリスクをスコア化し、信用度を判断する銀行を想像してみてください。このシナリオでは、申請者が融資申請しましたが、AIの信用度のスコアに基づいて、却下されます。このシナリオにおいては、AIの透明性が重要である理由は多々あります。

- 銀行は、モデルの学習データおよびスコア生成に使用される二次データソースに意図的または潜在的なバイアスがないことを確認する必要があります。
- 融資担当者は、AIが正確な情報を出し、適切な意思決定ができることを信頼する必要があります。もし出力が信頼できなければ、重要な情報を無視することになるかもしれません。
- 融資拒否の理由通知には、AIが生成したリスクスコアが含まれるかもしれませんが、それは申請者にとってわかりやすく記載されている必要があります。
- もし、保護属性（人種など）を理由に拒否された場合、規制当局や調査官は、AIがどのように機能するかの説明を求めるかもしれません。

　また、AI は、モデルドリフト[c]に対処するために新しく更新し、誤ったスコアを出力する可能性もあります。スコアリングツールが以前は正確な出力を出していたのに、判断が判断の正確性が損なわれた場合、銀行はバージョンアップ履歴をきちんと残し、誤りを修正できるようにする必要があります。

　今後、AI が専門知識のない人にも使いやすくなるにつれて、組織には AI の透明性を確保するためのプロセスとコントロールが必要になります。しかも、組織内で実際に AI を訓練し導入する人が、システムがどのように機能し、どこで問題が起こるかを完全に理解していない可能性すらあるのです。信頼できる AI を追求する中で、透明性を促進するために何ができるのでしょうか。

AI の透明性チェックリスト

- 顧客やステークホルダは、透明性という点で何を期待していますか？
- データおよび AI の透明性に関連する規制をどのように監視し、遵守していますか？
- どのユースケースで透明性が最も重要ですか？　求められる透明性の程度はどの程度ですか？　ステークホルダごとの期待する透明性は同じでしょうか？　違うならばどのような違いがあるですか？
- どのようなデータを収集していますか？　それは最新のものですか？　利用者は使いたいデータにアクセスできますか？　顧客は自身のデータ利用を拒否することができますか？
- あなたの組織は、取得したデータおよびその使用方法／場合について、顧客へ説明していますか？
- 製品に AI が使われていることを積極的かつ率直に公開していますか？　それはどこで公開していますか？　どのように公開していますか？
- エンドユーザーが問い合わせたり、フィードバックを提供したりできるチャネルがありますか？

---

c　訳注：何らかの予期せぬ変化によって AI のモデルの予測性能が時間の経過とともに劣化すること。データドリフト、モデル衰退（Model Decay）、モデルの陳腐化（Model Staleness）と呼ばれることもある。

透明性への第一歩

　AI における透明性は、データの中に埋もれているのではなく、AI のライフサイクル全体にわたって検討する必要があります。透明性を追求することは、企業の構成要素である人々、プロセス、テクノロジーなど複数の要素にわたります。リーディングプラクティスとして特徴づけられるものは、透明性に関する哲学として捉えた方がよく、透明性が高い AI を原動力とする組織を生み出すための意思決定と設計のガイドとなります。

人材

　システムに関する何らかの知識を必要とするステークホルダの全ての関係性を見渡し、そこから各ステークホルダが AI を信頼するために必要な透明性を判断すべきです。社内のステークホルダは、AI の倫理的性質に関わる重要な情報や視点を提供するためにも、一定の透明性を必要とします。

　例えば、既存顧客と会話し、そのデータを記録して様々なビジネスアプリケーションに利用するカスタマーエンゲージメントシステム[d]を考えてみましょう。一方、マーケティング担当者は、このようなデータ収集はプライバシーやデータ保護に関する懸念を引き起こし、消費者の信頼を損ねる可能性があると考えるかもしれません。これらの異なるビジネスニーズを調和させる必要があり、合意に達するには、AI ツールの機能、使用するデータ、運用方法など、透明性に関わる事柄について、両方のステークホルダが理解することが必要です。

　ステークホルダの中でも、データサイエンスチームやテクニカルチームがどのようにシステムを開発し、AI を学習しているのか、経営者や上層部の認識を把握することが必要です。ビジネスリーダーは、これらの部門のプロジェクトについてある程度知っているかもしれませんが、何が行われ、どのようにシステムが設計され、どのような機能を果たすことになるのか、正確には知らないかもしれません[9]。AI プロジェクトと企業戦略を整合させるためにも、経営者

---

d　訳注：例えば、コンタクトセンターに寄せられるお客さまの声（Voice of Customer: VOC）をもとに、新商品開発や業務改善を図ることが考えられる。

がどれだけのデータ必要とし、データの中身の理解を必要としているかを整理する必要があります。

　ステークホルダには、消費者だけでなく、規制当局、議員、ジャーナリスト、ベンダ、その他の第三者が含まれます。すべてのステークホルダが AI の理解を必要としているわけではありませんが、企画・設計にあたっては、AI を理解するニーズを持つ人々、および AI を理解するための最善の方法を考えなければなりません。人々、彼らの仕事と背景、そして彼らの AI リテラシーはすべて、企業が透明性と理解にどのように進めていくかに影響します。

プロセス

　EU が提唱する AI の透明性の 3 つの要素、「コミュニケーション」、「トレーサビリティ」、「説明可能性」を思い出してください。これらに対応するためには、AI のライフサイクル全体のプロセスに組み込まれなければなりません。トレーサビリティと説明可能性は、AI の設計段階から検討が必要となります。各ステークホルダに必要な透明性の程度を定義した後、社内外のユーザー向けにパッケージ化できる情報を取得、文書化、報告するためのプロセスを開発します。

　システムの導入が進むにつれ、一貫した報告モデルを維持し、AI がどのように機能し、決定、バージョン、エラーなど様々な要素に与える影響を継続的に記録していきます。また、エンドユーザーからのフィードバックも含まれる場合があります。この一貫した堅牢な情報は、AI ツールの数が拡大しても、企業が内部および外部の透明性を維持するのに役立ちます。組織によっては、何百、何千もの AI システムを導入しているところもあります。内部と外部の透明性の管理を維持するには、一貫したプロセスが必要です。

テクノロジー

　AI や機械学習における永続的な課題は、システムがどのようにそのアウトプットを生成するかの説明です。多くの場合、データやアルゴリズムの広範さと複雑さにより、簡単には説明できなくなっています。これは、透明性のあるモデル設計や、説明責任を補完する AI、その他の方法によって対応可能です。

企業は、ステークホルダに求められる透明性の性質を前もって定義し、それを
AIシステムの構築、取得、展開、管理方法のガイドとして活用していく必要が
あります。

透明性から信頼される AI へ

　WalterがデータサイエンスとAIのリーダーたちが集まるオンライン会議
に参加したとき、誰も喜んでいませんでした。ウィチタ工場は、新しい部品が
届くまでの数日間、予定より遅れて操業することになったからです。データサ
イエンティストたちは、自分たちが設計したシステムから出される警告を
Walterが無視したことに不満を感じていました。

　彼らは、このツールとその使用方法について議論するうちに、Walterは、こ
のツールが100％の確率で正しい出力を提供することはあり得ないことを知り
ました。

　「それなら、なぜそれを使うのか」と、Walterは尋ねましたが、データサイエ
ンティストからは「70％の確率で、致命的な問題を起こる前に発見することが
できるじゃないか」という回答でした。

　生産性の低下や会社の収益への影響を語るうちに、Walterは、ツールが自分
の意思決定に取って代わるものではなく、あくまでも補助し、情報を与えるも
のであることに気づきました。それは、不完全ではあるものの、工場のプロセ
スの中に織り込むことで、まさに起きてしまった事故を予期するための指針で
もありました。

　透明性は、様々な要素で信頼を生み出します。それはAI倫理の心臓部であ
り、これらのシステムが生み出す可能性を最大限に引き出すために不可欠な要
素です。そして、その重要性はますます高まっていくでしょう。あらゆる業
界・ビジネスにおいて、AIの活用は進んでおり、システムが増殖し、あらゆる
ビジネス機能に組み込まれるにつれて、AIを一層活用する企業は、透明性への
注意が必要となります。AIにおける透明性へのコミットメントは、企業が人
間と機械のコラボレーションの時代において繁栄し、適応するための準備とな
ります。

　しかし、組織が AI をどのように利用するかについては透明性を確保できて
も、AI そのものを理解するのは難しいというのが、AI を複雑化している原因
です。機械はどのようにして人間の認知を上回る洞察をもたらすのでしょう
か。アルゴリズムはデータに対して何を行っているのか。ブラックボックスの
中で何が起きているのか。私たちはテクノロジーをより深く理解し、それを使
う以上のことができるようにしなければなりません。そして、それを説明でき
るようにならなければならないのです。

機械が本当に「知っている」のか、「考えている」のか、などを厳密に判断するのは難しい。なぜなら、それを定義すること自体難しいからだ。私たちは、人間の精神的なプロセスを、魚が泳ぐことを理解するのと同じ程度にしか理解していないのだ。

　　　John McCarthy（ジョン・マッカーシー）[a]

第5章　説明可能性

　BAM 社のマーケティングへの取り組みにおいて、最高マーケティング責任者の Francis（フランシス）は革新的な人物でした。AI により顧客エンゲージメントを高められる可能性を理解し、マーケティングにおいて AI を活用する時代に備えた組織作りを心に決めていました。Francis と彼のチームは、企業にとって未知の領域に踏み込むことを自覚しながらも、興奮とともにこのプロジェクトに臨みました。

　プロジェクトは大きな可能性を秘めており、Francis が想像する限り欠点はほとんどありませんでした。ターゲットとするマーケティング関連のプラットフォームについて横断的にユーザーを引き込み、リード（見込み客）を生み出す顧客エンゲージメントツールに、AI システムが導入されました。BAM 社にこのシステムを販売した企業は、このツールによってリードジェネレーションを 20% 以上、リードコンバージョンを 15% 以上向上させることができると豪語していました。BAM 社に必要なのは、安定したデータの蓄積と、これに基づく業務変革のためのシステムの進化です。

　数週間後、リードジェネレーションとリードコンバージョンの傾向が明らかになりましたが、それは喜ばしいものではありませんでした。このシステムは、ほとんど成果を上げていなかったのです。その数週間後には、AI を活用したマーケティングの ROI（投資収益率）が悪化していました。

　Francis が営業担当から電話を受けたのは、そんなときでした。営業チームが顧客になりそうな人たちにアプローチする際、よく言われることがあります。「あなた方のマーケティング活動は、私の業界とは関係がない。あなた方は私のビジネスを理解していない」と。

　営業担当は Francis に顧客から言われたことの原因を尋ねましたが、Francis はそれに対する説明を行うことができませんでした。

　AI ツールは様々な産業で使われ、人々や社会に大きな影響を及ぼしているのですから、AI ツールの判断の根拠を解釈し、説明できるようになる必要があります。たとえ出力が正確であっても、その背後にある根拠を理解する必要があるのです。

　ニューラルネットワークの利用は、いわゆる「ブラックボックス」と呼ばれる機械学習の問題を引き起こします。人間が完全には理解できないデータセットに対して、機械が非常に多くの計算を行っていることが一因となり、モデルが学習され、その出力が返されるまでの過程が不透明な場合があるのです。AI がなぜ、どのように出力を計算するのかをリーダーやデータサイエンティストが理解していなければ、求められる機能に対して適切な最適化が困難になるため、ビジネスの観点においてリスクを孕んでいることになります。別の言い方をすれば、私たちは見えるものしか管理することはできないのです。また、説明不足は AI の潜在的な価値を制限し、企業が導入する AI ツールの発展や信頼を阻害します。では、AI が説明可能であるとはどういうことなのでしょうか。そして、誰に対して説明されるのでしょうか。

AI の機能を理解するための構成要素

　人間の意思決定は、期待効果という概念で理解できます。私たちが生活の中で体験する膨大なデータセットに基づき、ある意思決定から期待される効果が大きいほど、その意思決定はより良いものであるはずだと私たちは計算します。なお、効果の大きさは意思決定を行う人により異なります。例えば、繁華街へ演劇を見に行く人がいるとしましょう。自分の車で行く場合、駐車場が見つからないかもしれません。タクシーに乗れば駐車場の問題はありませんが、運賃が高くつきます。運賃の節約と駐車の手間、どちらの価値が大きいかを考えるのです。

　人は後から決断を正当化することがあります。例えば、高級車が欲しい人は、その車のおかげでタクシー代を節約できると説明し、その高級車の購入費

用を合理化しようとするかもしれません。私たちは、時に自分自身を正当化しようとしてしまうものです。しかしながらこのような場合でも、人間の意思決定はわかりやすい言葉で説明することができます。

　AIについてはどうでしょうか。説明可能性、解釈可能性、そして理解可能性という3つの関連する概念を考えてみましょう。

　AIにおける説明可能性とは、AIの出力がどのように計算されたかを理解できることであり、説明可能性が高いシステムほど、人間はよりAIの内部構造を理解できます。そして、データサイエンティストであれ、経営者であれ、エンドユーザーの消費者であれ、AIの説明可能性が高ければ高いほど、モデルとの対話や適用において、十分な情報に基づいた選択ができるようになります。

　解釈可能性は、システム内の関連性が理解可能であることを意味する説明可能性の類義語です。ユーザーは、ある出力がどのように得られたかだけでなく、その理由も理解することができます。その結果、与えられたコンテキストにおいてモデルがどのように機能するかについて、より深く理解することができるのです。データサイエンティストのChristoph Molnar（クリストフ・モルナー）は、モデルの解釈可能性について4つの分類を説明しています[2]。

グローバルで全体的なモデルの解釈可能性：学習、データ、そしてモデル内部にある重みのパラメータなどの学習により得られる要素を含め、モデルの全体が理解可能。これは人間には不可能である可能性が高い。

グローバルで部分的なモデルの解釈可能性：少ない数の重みのパラメータや特徴量など、モデルの構成要素が理解可能。

1つの予測に対するローカルな解釈可能性：モデルによる1つの予測を説明可能。

複数の予測に対するローカルな解釈可能性：複数の予測を、グローバルで部分的な解釈可能性または複数のローカルな解釈可能性の予測のどちらかで説明可

能。

　関連する第三の概念として、理解可能性があります。これは、モデルが人間の言葉でどれだけうまく解釈できるかを意味します。モデルの解釈可能性は、データサイエンティストには理解できても、一般ユーザーには理解できないことがあります。これを踏まえ、理解可能性がどの程度であるかは、誰がモデルを理解しようとしているかに基づき決めることが最も良いといえます。例えば、運転手に目的地までの最短ルートを提示する地図システムについては、システムが距離、交通パターン、速度制限に基づいて判断していることを運転手が理解していれば、理解可能性は高いと言えるでしょう。一方で、工業地帯における機械群の機能をモニタリングするシステムは、人間の作業員をはるかに上回るスピードで大量の操作関係のデータを計算するため、理解可能性はやや低いかもしれません。

　このように、「説明可能性」、「解釈可能性」、「理解可能性」という 3 つの概念を用いることで、モデルの仕組みや、モデルの出力の根拠を理解することができます。それぞれがどの程度必要かはユーザーによって異なるため、ブラックボックスを明らかにしようとする試みの成否は、モデルの理解が誰に関連し、なぜそうなるのかに左右されます。

説明可能な AI の価値

　AI の信頼性を高めることは AI の仕組みを解明することでもある一方で、AI を取り巻く様々なステークホルダごとに、説明可能性の必要性は異なります。データサイエンティストは、ツールの改良のためにより深い洞察を得る必要があり、モデルについて高い解釈可能性を必要とするかもしれません。人事部やマーケティング部などのビジネスリーダーは、AI を戦略や業務の一部としてどのように活用するかを決定するために、高い説明可能性を必要とするでしょう。規制当局は、市場における AI の普及をモニタリングする手段として、説明可能性を求めるかもしれません。また消費者は、基本的な理解可能性、つまり、AI システムが自分たちと自分たちの利益についてどのように意思決定をしているのか、その根拠とともに、わかりやすい説明を求めるでしょう。

　企業のリーダーは、誰がどのような種類の AI 機能で説明可能性を求めているのか、そしてそれがビジネスにどのような影響を与えるのかを見極めなければなりません。AI の説明可能性が価値を発揮する主な領域は以下の通りです。

革新と活用の推進

　AI モデルの技術開発は、AI の活用とは異なる実践領域です。システムを構築するデータサイエンティストは、そのシステムを使用するドメインの専門家やビジネスリーダー（製品ライフサイクルやビジネス環境をまたぐ）とパートナーになります。データサイエンスにおいて、ツールがどのように、そしてなぜ機能するかを理解するために必要な説明可能性は、その技術を使い、ビジネス上の利益を見据え革新を進めるデータサイエンティスト以外の人々が必要とする、解釈可能性と理解可能性と同じくらい重要です。AI の力は、すべてのステークホルダに有用な形で説明できる必要があります。そうすれば、ステークホルダは利益を引き出し、より良い製品を作り、より良いサービスを提供し、信頼できる AI の機能をユーザーに保証し、企業を発展させながら顧客に接する機会を見出すことができるからです。

　重要なのは、誰が AI の価値を求めているのか、また、その価値を追求するための自分たちの仕事の中に、ツールを説明する仕組みがあるかどうかです。このような説明を行うには、バックオフィス業務からサプライチェーン管理、顧客エンゲージメント、従業員維持に至るまで、データサイエンスの領域をはるかに超えた知識が必要です。人間と機械が協働するこの時代において、企業が新しい能力を探求し、改善と革新の機会を模索する中で、人間という要素は二の次ではなく、対等なパートナーになります。これは、人間が数学的要素を使わずに AI ツールの意味を説明できる場合にのみ可能です。

モデル性能の向上

　AI モデルは、一連の指標に基づいて訓練されます。そしてその出力が価値ある予測や決定をもたらす場合に、有用であるとみなされます。しかし、このような訓練において、AI の関数に埋め込まれる他のものは何でしょうか。データのどこかにバイアスが潜んでいて、出力に影響を与え、規模が大きくなる

と公平性の問題を引き起こしてしまう可能性はないでしょうか。市場における
イノベーションや新たなアプローチにつながるデータ内の見えにくい相関関係
が見落とされていたりしないでしょうか。

　説明可能な AI は、データサイエンティストがパラメータ、重み、相関関係を
より深く調べ、見落とされている点や新たな機会を探し、モデルのパフォーマ
ンスを向上させることを可能にします。予測が与えられた根拠を説明できれ
ば、データポイント間の関係をよりよく理解することができ、イノベーション、
継続的な改善と展開を促進することができます。これは、投資に対する価値と
いう点で特に重要です。企業がモデル開発に投資する場合、バイアスを回避
し、精度を向上することで、組織は投資に対する価値をより多く引き出すこと
ができるのです。

　同時に企業は、AI モデルを他社から購入するか、自社で開発するかを選択で
きます。ビジネスリーダーは、十分な情報を得た上で購入の意思決定を行うた
めに、自分たちが何を購入しようとしているのかを理解する必要があります。
モデルが正確な結果を出すことを知っていても、それがどのように組織を未知
のリスクにさらすのかを知らなければ、規制当局からの罰金やブランドへのダ
メージなど、深刻な事態につながる可能性があるのです。

信頼による使用の促進

　エンドユーザーが AI ツールの出力の根拠を理解できなければ、ユーザーが
これを信頼し使用する機会は減るでしょう。場合によっては、わかりやすさが
信頼に直接影響することもあります。高度に技術的で難解なシステムの仕組み
の説明は、データサイエンティストにとっては価値あることかもしれません
が、それ以外の人にとってはそうでもないでしょう。一例として、米国国防高
等研究計画局（DARPA）は、「ユーザーが新世代の AI システムを理解し、適切
に信頼し、効果的に管理できるようにするため」に、説明可能な AI 技術を促進
する研究に資金提供を行っています[3]。

　軍人がある AI ツールの出力、例えば敵の位置の可能性や自律型ドローンの
ターゲットの選択の理由を理解していない場合、それを信頼し使用する機会は
減るかもしれません。もし AI ツールが敵に対して優位に働くのであれば、信

頼できるツールを兵士に提供することは軍にとっての利益となり、そのために
は説明可能性とわかりやすさが必要です。

　さらにもう一例として、第 4 章で挙げたように、ビジネスの世界では、工場
の現場管理者が、重要部品の故障を防ぐための機械の停止を AI システムが推
奨する根拠がわからないために、AI システムよりも自分の直感や経験を信用
することがあります。AI がなぜその部品が故障するという信号を出している
のかのわかりやすい説明がなければ、現場管理者はその信号を無視するかもし
れません。その結果、防げたかもしれない製造システムの故障が起きてしまう
のです。

規制への対応

　説明可能性は、信頼できる AI の他の側面にも影響を及ぼします。例えば、
ある業界では、サービス品質や機会提供についての公平性や公正性は高度に規
制され、厳しくモニタリングされています。金融や医療の領域では、消費者に
影響を与える意思決定は、監査や照会、さらには訴訟の対象となります。その
ため、人間の意思決定に AI を使用する組織は、AI システムが出力に至ったプ
ロセスを明確にできなければなりません。組織と規制当局の両方が、結論や予
測がどのようになされたかだけでなく、なぜなされたかを解釈できるようにす
る必要があるのです。これを怠ると、違反の判断が下され、高額な罰金などが
科されることになってしまいます。

　個人が融資を申し込んだ際に、個人の信用度が部分的にでも AI を通じて決
定された場合、条件を提示もしくは融資を拒否する組織は、その決定が偏りな
く行われたことを示すことが法的に求められる可能性があります。この点にお
ける課題は、データにバイアスが潜んでいる可能性があり、その結果として AI
システムが偏りあるものとなってしまい、企業が、例えば住宅ローンへの不平
等な機会提供に対する責任にさらされることでしょう。説明可能な AI は、シ
ステムの機能を理解しているデータサイエンティストがシステムの偏りの特定
と排除を行うのに役立つだけでなく、システムが予測や推奨を行った理由を明
確に説明することもできます。

　ものごとをややこしくしている要因として、現在の規制、特に EU の一般デ

ータ保護規則（GDPR）が何を要求しているかという問題があります。この規制の条文には、個人が「説明を受ける権利」を有することを示唆する記述がありますが、条文を字面通りに捉えると、そのようには書かれていません。あくまで、GDPR に書かれているいくつかの条文によってそのような権利がほのめかされているのみなのです。

　2016 年の論文では、自動意思決定ツール（すなわち AI システム）が個人に関して行った意思決定について、GDPR が「説明を受ける権利」を義務づけていると論じています[4]。しかし、別の論文はこの「事後説明」の権利に異議を唱えており、GDPR がそのような権利を規定していないことを指摘しています[5]。この矛盾については、GDPR においてこの課題が未検証であることと、複数の国や地域での新しい AI 規制の出現が想定されることを踏まえ、注意を喚起する必要があります。AI の決定に影響を受ける人々は、AI の結果に対して異議を唱えるために、規制を利用するかもしれないということが考えられるからです。

説明可能性の要因

　説明可能性の追求においては、知的財産（IP）、セキュリティ、そしてプライバシーへの配慮が必要です。

知的財産：データとアルゴリズムは戦略的な資産です。高い説明可能性を広く発揮する企業は、競合他社によるリバースエンジニアリングやコピーなどの脅威に晒されやすく、その知的財産を失う可能性があります。これは、第三者監査人など、外部への説明を免責するものではありませんが、企業がステークホルダとの信頼を得るためにどの程度の説明可能性が必要かを決定する際に検討すべきビジネス戦略上の要因となります。

セキュリティ：アルゴリズムは、その機能が悪意を持つ人に把握されてしまうと、悪用される可能性があります。仮定の話ですが、悪意を持つ人がモデルの意思決定のプロセスを知っている場合、例えば、より有利な条件で融資を受けるために自分に関する特定の情報を隠して、システムを操作する方法を見出す

ことができます。

プライバシー：医療や金融の分野など、一部のデータは非常に機密性が高く、ビジネス上の利益のためであれ規制のためであれ、保護する必要があります。説明可能性を促進する上で、企業は、モデルのパフォーマンスに関する情報を公開することで、詳細や洞察がアクセスされるべきでない人々にさらされ、個人のプライバシーが損なわれないように注意する必要があります。

説明可能性を促進するための技術的アプローチ

　最高マーケティング責任者の Francis は、自身への信頼（場合によっては自身の仕事も）の回復をかけて、BAM 社における AI を活用した顧客エンゲージメントシステムを修正する必要がありました。このモデルには、彼に説明できないことが起こっており、ツールを提供するベンダに電話をかけて答えを求めましたが、ベンダはほとんど答えられませんでした。Francis は、システムの基礎となる数学的要素を理解していなかったので、BAM 社のデータサイエンスチームを頼りにしました。実世界の出力を見ていくと、顧客心理はエンゲージメントを重ねるごとに悪化し、より否定的になっていることがわかりました。顧客へのメッセージが原因なのか、オファーが原因なのか、それともまったく違う別の原因があるのでしょうか。AI はなぜそのような判断を下しているのでしょうか。

　目の前の課題は明らかでした。BAM 社には、現状の AI を説明するツールが必要なのか、それとも新しいシステムが必要なのか。Francis は、自分が推進した投資で経営陣の信頼を失えば、BAM 社のマーケティングにおける AI の活用は、完全な撤退とまではいかなくとも、停滞する可能性があることを理解していました。

　AI の説明可能性は、主に 2 つの方法で育まれます。モデルの構築時から本質的に説明可能であるか、不透明なモデルを説明するために他のツールを使用するかのどちらかです。ただしこれは一長一短型の命題ではなく、とれるアプローチの選択肢となるものです。エンドユーザーへの影響、必要な説明可能性

の程度、そして最高の説明可能性と最高のモデル精度を実現するアプローチの組み合わせの決定はすべて、組織とデータサイエンティストに委ねられています。

説明可能性の優先度

　説明可能性の優先度が低い場合もあります。例えば、エラーに対する影響がない場合です。例えば、オンラインショッピングのユーザーが、過去に購入した商品に基づいて、他の商品をお勧めされることがあります。このような場合、間違った商品を勧められても、ユーザーにはほとんど害がありません。この場合、説明可能性はモデルの精度を上げ売り上げに貢献するという点でマーケティング担当者にとっては重要ですが、組織とユーザーは、モデルが不透明であってもほとんど影響を受けません。

　さらに、システムによっては出力に対する説明の検証が、学術的なレベルで不必要なほどになされている場合もあります。例えば、大規模な視覚認識に使用される畳み込みニューラルネットワーク AlexNet は、画像認識において驚くべき精度を達成しましたが、ImageNet データベースで訓練した視覚認識システムの品質は、誤認識率を減らすための反復的な進歩によって、何年もかけて着実に向上してきました。このように、コアとなる技術が長い間検証されてきたため、説明可能であることは信頼性にとって重要ではなくなってきている場合もあります。

本質的な説明可能性

　すべての AI がニューラルネットワークである必要はありません。線形回帰や決定木のように、解釈や理解が容易なルールベースのモデル構造を持つものもあります。重み、パラメータ、その他の要素が目に見える形で生成され、それら自身が説明可能性を発揮するため、組織は処理の仕組みや根拠を容易に把握することができます。データや変数が多くなればなるほど、説明可能性に至る処理は複雑になるかもしれませんが、「ホワイトボックス」モデルの説明可能性は根本的に維持されます。

事後的な説明可能性

　ブラックボックスの問題は、モデルを訓練した後の事後的な方法で解決することができます。説明可能性は、モデルの出力を調査することによって得られるからです。一般的な説明可能性の手法として、Local Interpretable Model-Agnostic Explanations（LIME）と Shapely Additive Explanations（SHAP）の2つが知られています。

　LIME アルゴリズムはあらゆる AI モデルに適用できます[6]。LIME はモデルが予測に使用する変数のうちのいくつかを識別することで機能し、それらの変数が予測のための良い指標であれば、今度はそれがモデル全体の信頼性を検証することになります。簡単な例として、住宅ローンの申込者のデータを分析するモデルを考えます。このモデルは、多様なデータポイント（直観的にはそのすべてがローン審査に関連があるとは限らない）から予測を行い、申込者はローンを受けるべきではないと結論づけます。LIME アルゴリズムは、過去に破産している、収入が十分でない、クレジットカードで多額の借金をしているなど、ローン審査と関連があると思われる変数を抽出します。直観的には、申込者は住宅ローンの支払いに苦労し、債務不履行に陥る可能性があります。変数がモデルによる予測をサポートするため、寄与する変数がすべて判明しない場合でも、モデルを説明することができ、したがってモデルを信頼することができるようになります。

　SHAP アルゴリズムは、ゲーム理論の概念を用いて、各変数が AI の出力にどれだけ寄与しているかを計算することで、モデルによる予測を説明します。数学的なアプローチである SHAP は、LIME と協力ゲーム理論の概念であるシャプレー値を組み合わせ、予測の局所的な精度、欠落した特徴、そして出力の一貫性を決定するなど、総じて SHAP はモデルによる予測の説明と検証に役立ちます。

　他にもいくつかの事後的な説明可能性の手法があり、それらを併用することもできます。しかしながら、倫理的で信頼できる AI の構築のために必要な他

の側面と同様に、説明可能性は、モデルの開発と展開において人間のステークホルダに部分的に依存します。

AI の説明可能性チェックリスト

- あなたの組織では、説明可能なモデルを使用していますか？　そのことをどのようにして知ることができますか？
- あなたの組織では、AI の説明可能性に関連する規制をどのようにモニタリングし、対応していますか？
- アルゴリズムが何を行い、モデルがどのように意思決定を行うかを説明できますか？
- モデルの出力に影響を与える主要な要因は何ですか？
- データがどのように使用され、意思決定がどのように行われているかを明確に説明できますか？
- エンドユーザーはデータとアルゴリズムを理解し、信頼することができますか？
- モデルの出力を説明できない場合、その活用を継続しますか？

プロセスにおける先進的な実践方法

　説明可能性の手法は一般に、AI への技術面での向上と検証面での精査の両面で活用されます。事後的な説明可能性の手法には、データサイエンティスト以外にはほとんど理解できないような複雑な数学的要素が含まれています。そのため、AI のライフサイクルの各段階に人を配置し、ステークホルダにとって有用な方法で AI の説明可能性を導くプロセスを構築しなければなりません。データサイエンティストは、アルゴリズムのエラー率を計算し、その計算に用いた数学的要素を示すことができるかもしれませんが、それはマーケティング担当者やビジネス戦略の担当者、消費者にとって価値あるものでしょうか。ブラックボックスの説明は、ほとんどのステークホルダにとって、ボックスそのものと同じくらい不透明なものかもしれません。

　したがって、AI の意思決定と開発プロセスにおいては、AI の技術的要素以外の様々な観点やニーズを受け入れる余地が必要です。説明可能性を高めるための要素として、以下のような先進的な実践方法を考えてみましょう。

すべてのステークホルダの巻き込み

　AI を導入する際の背景と目的は、説明可能性の性質に直接影響します。企業をサポートする有用なモデルを開発するためには、業界やビジネス横断のドメイン知識が必要です。ある意味では、モデルが説明できるかどうかだけでなく、その説明に価値があるかどうかが重要なのです。これには、リーダーからの指示だけでなく、AI のライフサイクルを通じた、ステークホルダを踏まえたニーズや優先度が必要になります。AI は使えるものでなければなりません。そのためには、AI がどのように機能し、どのような洞察や予測を生み出しているのか、システムを利用する人に合わせて説明する必要があります。

　その一環として、既存もしくは新たに導入される規制から想定される説明可能性への期待感を考えてみましょう。また、開発中のモデルへの説明可能性の構築を支援したり、モデルの訓練後に適切な事後的な手法を適用したりするために、組織のコンプライアンスチームや法務チームを巻き込みましょう。

ステークホルダに合わせた説明と報告

　AI 機能について求められる説明のレベルは、ステークホルダごとに異なります。ビジネスリーダーは、システムとビジネス戦略の整合性を示すわかりやすい大局的なモデルを必要とし、規制当局は、保護された属性、サービスや機会への平等なアクセスに関する説明を必要とするでしょう。また、消費者は、AI システムがどのように自分に関する意思決定に至ったかに最も関心を持つでしょう。

　AI のライフサイクルを通じて、報告のための機能を組み込み、情報を取得、文書化、報告するプロセスを構築しましょう。その一環として、社内外のステークホルダにとって適切な情報を特定し、ステークホルダが理解可能な説明を含む標準的な報告書を作成しましょう。しかしながら、これは、AI の説明を人々がどう使うかについての研究がまだ少ないため、困難な作業になると思わ

れます[7]。AI の他の側面と同様に、説明の必要性は、革新と実験により成り立ちます。例えば、消費者に対しては、AI の出力に至った関連する属性を素早く特定するスコアカードを作成することが1つのアプローチとなるかもしれません。

継続的な説明可能性のテスト

データやモデルへの入力は時間とともに変化するため、AI のモデルや機能も当然変化します。そのため、データサイエンティストによる積極的なモデルの管理や、モデルの説明の真実性についての企業による定期的な確認が必要になります。これらは、システムのテストと評価のためのプロセスに組み込むことができます。さらに、法律やコンプライアンスの専門家は、法律や規制の変化をモニタリングし、モデルの説明や記録を第三者の期待に応えるものにする必要があります。

もう1つのアプローチは、AI ツールの助けを借りずに評価や予測を行う人間の意思決定者にテストしてもらうことです。AI と人間の判断がある出力で一致すれば、それはモデルが妥当であることの1つの証拠となりえますし、また、ある特定の判断がなぜ下されるのか、そのプロセスが人間の言葉でどう概念化されるのかの説明にもつながります。モデルは必然的に人間の思考とは異なる方法で結論に至りますが、そのプロセスは人間の思考と同等である可能性があり、その点で、より直観的な方法で説明可能性を定義することができるかもしれません。（注：このアプローチには利点があるものの、変動源が新たに含まれるリスクもあります。これは教師あり学習におけるラベルの品質の低さにも見られる一般的な課題です。）

説明の必要性

BAM 社では、営業チームから毎週ネガティブなフィードバックが報告されていました。Francis は、自分たちの AI が顧客に対し行う判断を説明できる（事後的な）システムを市場から探し出しました。彼は勇気を振り絞り、覚悟を決めて、他の経営陣と話し合い、結論を出しました。「このシステムの挙動を説

明できないのであれば、使うべきではない」と。

　驚いたことに、CFO、営業部長、オペレーション部長など、全員が、説明できないからといって、AIへの投資をあきらめるべきでないという意見で一致したようでした。むしろ、ほとんどのステークホルダが、BAM社の他のAI事業への貴重な教訓を得たのです。説明可能性は追加的に検討するものではなく、信頼できるAIのための条件なのだと。

　いま説明可能性を重点的に検討することは、将来のAIを説明するための手法や基準を設定することにつながります。これは、エンドユーザーの観点だけでなく、企業の観点からも重要です。説明可能性は、ビジネスにおけるステークホルダが、AIの価値を理解し、機会を生み競争力を高めるAIの活用領域を探るのに役立ちます。実際、解釈可能なAIは、組織全体への導入が促進され、それまでにはなかった新たな活用のされ方が見出されたりもするのです。

　AIは複雑な分野であり、そのシステムを設計、構築する担当者にとっても理解することが困難です。そのため、ツールやプロセスに説明可能性を持たせることで、より多くのステークホルダをAIの適用や活用に引き込むことができるようになります。これは、AIの可能性を最大限に引き出すために不可欠な要素です。AIの出力が私たちに答えよりも多くの疑問を残す場合もあるでしょう。しかし、AIの説明可能性について真剣に取り組む限り、私たちは正しい質問を投げかけ、自律的なパートナーについての新たな洞察を得ることができるのです。

Trustworthy AI

すべての作用には、常に等しい反作用
がある。

Isaac Newton（アイザック・ニュートン）[a]

a　訳注：イングランドの自然哲学者、数学者、物理学者、天文学者、神学者。ニュートン力学の確
　立、微積分法の発見など様々な業績を残している。

第6章　セキュリティ

　BAM 社は、情報セキュリティに真剣に取り組んでいることで知られていました。BAM 社は、世界有数の大企業に関する企業秘密、機密情報、財務データなどを扱っており、情報セキュリティに強い会社と信頼され、多くの顧客が同社を選びました。そのため、情報システム部門の最高責任者である Masami（マサミ）は、重要な仕事をこなす経営者として尊敬を集めていました。

　ある朝、Masami は、ベンダの請求書を確認し決済する AI に対して、サイバー犯罪者が攻撃するために、新しい悪用を始めたという通知を、警察から受けました。この AI は不正チェック、および支払いを迅速化することで、人間の従業員がより価値のある仕事に従事できるようにするものでした。しかし、この攻撃は AI を欺き、機密性の高い財務情報漏えいを引き起こす可能性がありました。

　Masami は、警察からの技術的な詳細通達に目を通し、被害が及ぶ可能性があることに気がつきました。AI が騙されるようなことがあった場合、BAM 社のセキュリティに対する評価は地に落ちます。彼女は、チームに呼びかけ、どこに脆弱性があるのか、それをどのように修正するのか、また、脅威を鑑みても AI システムは使う価値があるのかなどを確認し始めました。

　セキュリティは、すべての AI システムにとって必要かつ喫緊の課題です。私たちは、貴重な技術システムが悪意のある者にとって魅力的なターゲットであることを十分にわかっています。2020 年、サイバー犯罪による金銭的損失は約 1 兆ドルで、2018 年のほぼ倍です[2]。高度なサイバーセキュリティプログラムの最善の努力にもかかわらず、損失は続いています。サイバー犯罪の現状は、AI セキュリティの将来像を示唆するものです。

　AI の利点は、その誤用や破損がもたらす結果と同じくらい重大なものである可能性があります。AI リスクに関する 2018 年の Analytic Exchange Program のレポートでは、自動ソーシャルエンジニアリング攻撃[b]、テクノロジーの脆弱性発見、商用システムのテロへの再利用、情報可用性操作、影響力工作[c]など、今後起こりうる脅威をいくつか挙げています[3]。

　AI については、セキュリティ脅威の全体像はまだ明らかになっていませんが、企業のリーダーはこれら脅威が原因で、AI 技術の開発・展開に躊躇しているのが現状です。デロイトの調査では、調査対象者の 60% 以上が AI におけるサイバーセキュリティの脆弱性を重大または極度の懸念事項として挙げており、56% がリスクを理由に AI 技術の採用を遅らせていると見ています[4]。

　あらゆる産業を変え、潜在能力を引き出す強力な AI を信頼するには、まだ想像もつかないどころか、その多くが明らかになっていない様々な脅威から保護できるシステムが必要となります。そのためには、AI がどのように危険にさらされる可能性があるか、そこからどのような影響が出るかを認識し、AI のライフサイクルを通じて戦略と展開の最前線でセキュリティを維持するための計画とプロセスが必要です。

AI の妥協とはどのようなものか

　多くのビジネスリーダーは、サイバーセキュリティの中核となる要素、すなわち強力なアクセス認証、アクティブなシステム監視、効果的なサイバー対策、およびソーシャルエンジニアリング攻撃を回避するために従業員トレーニングの必要性については理解しています。しかしながら、これらは AI システムの動作や進化の仕方、サイバー犯罪者や悪質業者がまだ発見していない新型攻撃方法などの理由から、AI セキュリティには不十分です。

　今は AI セキュリティの黎明期です。基本的な分類方法、セキュリティがどのように回避されるかの分類、そしてそこからどのように軽減できるかを読み

---

b　訳注：人の心の隙を狙ったサイバー攻撃。ネットワークに入る際に必要となる ID やパスワードなどの重要な情報を、人間の心理的な隙や行動のミスにつけ込んで盗み出す手法。
c　訳注：ハッキングなどで取得した情報をもとに、虚実を織り交ぜた情報をソーシャルメディアなどを通じて流布することで、世論形成や選挙に干渉する手法。

解くことに多くの焦点が当てられています。出発点として、カリフォルニア大学バークレー校の研究者が考えた3軸の分類法を考えてみましょう[5]。

1. 影響：攻撃は、AI の元を対象にする（データに影響を与えること）または探索的（AI があるアクションにどのように反応するかを観察すること）なものになります。

2. セキュリティの侵害：この攻撃は、偽陰性（陽性にもかかわらず陰性と判断する、つまり誤りがある完全性侵害）または偽陽性（陰性にもかかわらず陽性と判断する、つまり使えなくなる可用性侵害）をもたらす可能性があります。

3. 特殊性：この攻撃は、AI 内の特定の機能（分類器など）に焦点を当てる（標的型）ことも、システム全体または多数のシステム内機能に向ける（無差別型）こともできます。

これらの分類は、AI のライフサイクルのあらゆる段階でセキュリティを確保するという、多面的な課題抽出に役立ちます。この課題抽出により、攻撃手法が進化し、現時点では見つかっていない手法であっても、組織はセキュリティを維持するために対応策を考え、講じる必要がある状況です。AI セキュリティは、拍車がかかっている敵対的機械学習（AML[d]）の分野の1要素です。セキュリティに関連して、AML は、脆弱性の修正方法を学ぶために、システムへの侵入、妥協、または破損を試みます。一般に、AML は3つの分野に分けられます[6]。

1. システムに不正な行動や判断をさせること

敵対者は、システムをエラーに導くような入力データを特定・挿入し、かく乱します。技術的には、敵対者はシステムエラーの導出方法を考え、エラーを引き出す方法を見つけます[7]。これは、（訓練中または実世界での学習中に）システムに破損データを送り込むことによって実現できます。また、実世界の環

---

d　訳注：Adversarial Machine Learning

境を操作するなど、物理的な方法で実現することもできます。例えば、過去の研究で道路標識に戦略的に配置されたステッカーが、視覚認識システムを誤認させることを明らかにしています[8]。

2. システムが見せるべきでないデータ、洞察、または結論を見えるようにすること

敵対者は、システムの出力を調査して、他の方法で保護または匿名化されているデータを見えるようにします。例えば、モデル反転攻撃（Model Inversion Attack）では、敵対者はモデルの信頼値を評価する攻撃アルゴリズムを使用し、特定の情報を明らかにするために逆算します。この種の攻撃を実験の一部として使用した2015年の研究では、顔認識システムからデータを抽出できることが示され、また、ライフスタイルに関する調査の質問に対して個人がどのように回答したかを推定することができました[9]。企業にとってこの種の攻撃は、貴重で繊細な企業データを明らかにし、企業が法的および規制上の罰則にさらされる可能性があります。

3. システムに不正確な学習をさせること

敵対者は、システムの脆弱性を悪用したり、モデルを再トレーニングしても影響を受けない「バックドア[e]」を持つAIシステムを作成したりすることがあります。このようなAIの脆弱性は、事前学習済みのモデルをベンダから購入した場合に生じる可能性があります。このモデルはクライアントのデータに対して優れたパフォーマンスを発揮しますが、同時にトロイの木馬のバックドアを含んでおり、後に悪用される可能性があります。

このように、安全でないAIがどのように操作され、悪用されるかについて広く理解した上で、悪意ある行為者がAIシステムを侵害するために使用する攻撃方法をより詳しく見ていきましょう。

---

e 訳注：システムへ不正に侵入するための入り口。悪意ある第三者がシステム内部に侵入成功した後いつでも侵入できるように、システム内部から設置した仕組み。

安全でない AI はどのように悪用されるか

　サイバー犯罪者が AI システムを意図した設計や訓練に反して動作させるために、様々な手口を使う可能性があります。新ツールやセキュリティエンジニアが脅威の先を行くモデルを作り続けることで、新たな手法が生まれ、より効果的に打ち負かすことができるかもしれません。しかし、脅威の状況を理解するために、これらの攻撃経路と、安全でない AI が企業にとってどのような悪影響をもたらすかを考えてみましょう。

データポイズニング

　攻撃者は、学習データに汚染されたデータのサンプルを注入し、結果として得られるモデルが特定の方法で動作するようにします。直接汚染したデータを注入する方法では、攻撃者は学習データにデータを注入し、さらには AI の推論ロジックを改変する攻撃（ロジック改変攻撃）で学習アルゴリズムを変更します[10]。間接的な汚染方法では、攻撃者はオープンソースのデータセットのような前処理済のデータに汚染データを注入します。これは、学習データの主要なソースが、Wikipedia のような第三者による投稿を含む一般公開のデータセットであるため、特に難しい問題です。攻撃者は、信頼できるデータセットに意図的かつ長期的に悪意のあるデータを追加し、その結果生じるモデルの動作に影響を与えることができます[11]。

　データポイズニングは、実データに触れながらディープラーニングシステムを操作することによっても実現可能です。例えば、電子メールのスパムフィルターがあります。スパムフィルターは、（部分的には）機械学習によって適切な状態に保たれています。ユーザーがスパム判定をすると、システムは、指定された単語や送信者などの属性を持つ特定のメールがスパムであると認識し、グローバルルールを設定することで、あらゆるユーザーへのその種のメールをすべてスパムフォルダに送ります。しかし、スパマーは、システムが自己調整に使用するデータセット（すなわち、電子メールとユーザーレポート）を汚染する何百万通もの電子メールを送信することによって、判定を歪めようとすることができます。このような方法による攻撃は、スパムフィルターを調整し、ス

パム発信者がシステムを素通りする隙を作ることにつながります。

転移学習攻撃

　事前学習されたモデルは様々な用途に使用することができ、企業にとって AI を大規模に展開するための便利でコスト効率の良いアプローチです。転移学習では、豊富なデータで訓練された堅牢なモデルを、訓練に利用できるデータが少ない無関係なモデルへ再利用します。このアプローチは、データサイエンティストを、学習以外の別作業にシフトさせ、学習量を削減できます。これにより、時間とリソースを節約し、必要な学習データ量も少なくなります。

　転移学習されたモデルが広く使用されるようになると、セキュリティの脆弱性が生じます。ソフトウェアの一部が、どんなマシンでもハッキングできるような欠陥を持つことがあるように、事前学習された AI モデルには、システムが新しいタスクに適合して展開された時点で、攻撃者が悪用できるような脆弱性がある可能性があるのです。悪意のあるモデル設計者が、再トレーニングに耐えられるようなバックドアを意図的に作るかもしれないのです。この場合、モデルは意図された目的には効果的に動作しますが、将来のある時点で悪用される可能性のある致命的な欠陥が隠されていることになります。

コードのリバースエンジニアリング

　銀行の金庫室の鍵は複雑な仕組みになっていますが、その仕組みがわからないからこそ安全なのです。しかし、もし銀行強盗が錠前の仕組みを理解すれば、それを迂回する方法を考案することができます。AI も同じです。もし悪意ある者が AI モデルの動作を理解すれば、その脆弱性と悪用方法を特定することができます。これは、モデルの出力を観察し、その出力がどのようにして得られたかを推測することによって達成できる可能性があります。例えば、同じ AI モデルを構築し、展開されたモデルを模倣するまでパラメータ調整することでできるかもしれません。オープンソースのコードや、モデルが動作中に漏らした情報を確認することによっても達成できるかもしれません。

　攻撃者は、モデルの動作に関する知識があれば、モデルの動作を回避する、混乱させる、操作する方法を考案することができます。例えば、マルウェアの

検出に使用される AI は、悪意のあるプログラムとして識別され、ネットワーク内で検査または隔離のフラグが立てられるはずのプログラムを、ホワイトリストに登録するように騙されるかもしれません。同様に、詐欺検出やマネーロンダリング防止ツールも、アルゴリズムが悪意ある行為者に理解されれば、それを回避することができるようになるという意味で、リスクの対象となります。全体として、モデルを攻撃することは最終目標ではなく、他の重要なデータやシステムにアクセスするためのステップなのです。

システムエラーの利用

　AI モデルには、脆弱性を生み出す固有のバイアスや設計上のミスが含まれていることがあります。これらは、モデルが訓練されたタスクを完了するためには重要でないかもしれませんが、悪意のある行為者に知られた場合、悪用される可能性があります。このような脆弱性は、モデルの設計者が認識している問題しか修正できないため、最も困難な脆弱性の 1 つであると言えます。

　このように概観すると、脅威の全体像が明らかになります。敵対者が AI を操作するために悪用できる攻撃方法は数多く存在します。企業は、資金力のない個人ハッカーから資金力のある国家まで、様々な悪質な行為者からの高度な攻撃に対して、AI のライフサイクル全体を通じて安全を確保することが課題となっています。攻撃の理由は攻撃経路と同様に様々ですが、企業への影響はいくつかの共通の領域に分類されます。

AI がもたらした結果

　情報管理責任者の Masami は、最近行われたベンダの支払いについて、厳格なフォレンジック調査を実施しました。彼らは、法執行機関によって指摘された脆弱性を探し、請求書、電信送金について、問題のありそうな会社について調べました。その結果、特に問題点は見つからず、セキュリティの専門家たちは、自分たちのシステムがどんな攻撃にも耐えていることに満足しました。

　しかし、Masami はそうではありませんでした。まだサイバー犯罪者の被害にあっていないからと言って、十分に安全であるとは言えませんでした。というのも、確認された支払いの中には、EU やブラジルなど外国の企業や個人に

関するものもあったためです。これらの国は、データプライバシーやセキュリティに関する規制が厳しく、違反した場合、BAM社に数百万ドル、最大で同社の全世界の年間売上の2%の罰金を科される可能性があったのです。

罰金、評判、その他の被害など、BAM社にとって攻撃の影響は甚大なものでした。Masamiは、法執行機関の関係者を巻き込んで、さらに努力を重ねました。そして、サイバーセキュリティの重要な教訓を得たのです。それは、「すでに攻撃されている企業」と「いずれ攻撃される企業」という2種類の企業があるということです。

あらゆる業界において、企業の多くの部分がAIを使用し、AIに依存するようになると、サイバー犯罪者にとってますます魅力的なターゲットになる可能性があります。悪質な行為者がシステムを標的にする理由には、以下のようなものがあります。

データ漏えい

学習用データセットには、機密データや独自データが含まれることがあります。また、個人情報（PII[f]）が含まれている場合もあり、その保護は法律や規制体制の下で義務づけられています。データ保護はサイバーセキュリティにおける長年の懸案事項ですが、たとえデータが適切に保護され匿名化されていても、犯罪者はAIそのものを攻撃することでデータを暴露したり推測したりできる可能性があります。企業にとってデータの漏えいは、貴重な機密情報を手放したり、個人情報が漏えいすることでビジネスの評判を損ねたりする可能性があります。

知的財産の喪失

モデルの開発には費用と時間がかかる上、漏えいしたモデルは盗まれたり複製されたりする可能性があります。生データで学習するよりも、別の学習済みモデルの出力からモデルを学習する方が簡単な場合が多いのです。倫理感が欠けるデータサイエンティストは、モデルに大量のデータを送信してその結果を

---

f　訳注：Personally Identifiable Information

取得し、その出力でモデルを学習させることで、モデルをリバースエンジニアリングすることができます。このような手口により、悪徳業者はコストのかかるモデル作成プロセスを飛び越えて、自分たちの企業目的のためにモデルを再展開したり、競合する組織に販売したりすることができます。さらに、モデルの中にシステムの詳細やデータがあり、それが他の貴重な企業知的財産を明らかにしている可能性もあります。

フィルタリングの回避

　コンテンツやリスティングのスクリーニングにAIが使用されている場合、攻撃者はフィルターを回避する方法を考案することができます。その結果、攻撃的または違法なコンテンツや製品の宣伝につながり、法的責任や評判に大きな影響を与える可能性があります。また、悪意のある電子メールやその他の通信をブロックするセキュリティシステムも回避され、ネットワークや従業員が二次攻撃にさらされる可能性があります。

責任と規制による罰金

　AIに関する規制が急増しています。カリフォルニア州プライバシー権法（CPRA）、一般データ保護規則（GDPR^g）などは、消費者データの保護と使用方法について重い制約を課しています。この記事を書いている時点では、欧州連合が重要なAI規制の枠組みを提案しており、まだ法律にはなっていないものの、AIセキュリティの分野に大きな影響を与えることになるでしょう^h。一般に、AIシステムが破損したり操作されたりすると、意図しない機能や出力につ

---

g　訳注：General Data Protection Regulation
h　訳注：EU（欧州連合）は2021年4月、人工知能（AI）システムを規制する新たな法案を公表し、意見公募を経て法案内容の調整作業が続いている（2022年12月現在）。この法案には域外適用条項があり、日本企業がEU域内で商品やサービスを提供する場合にも適用される。違反した企業には最大で3000万ユーロ（2022年12月のレートで約42億円）または売上高の6％のうちどちらか高額な罰金を科す内容が含まれている。
　　法案名称は「Proposal for a REGULATION OF THE EUROPEAN PARLIAMENT AND OF THE COUNCIL LAYING DOWN HARMONISED RULES ON ARTIFICIAL INTELLIGENCE (ARTIFICIAL INTELLIGENCE ACT) AND AMENDING CERTAIN UNION LEGISLATIVE ACTS」。

ながり、企業が法律やルールに反する側に立つ可能性があります。

AI に対する利用者の信頼

　AI にまつわる大きな可能性と高揚は、あらゆる業界において、可能性を追求する実験と創造的思考を促しています。このような初期の段階でモデルが損なわれ、企業に影響が及ぶと、AI に対する信頼が損なわれ、企業のステークフォルダのイノベーションに対する意欲が減退します。取締役やビジネスリーダーは、リスクが発現することで、チャンスから遠ざかってしまうかもしれません。第一印象を決めるチャンスは一度きり、と言われるように、AI 時代に足を踏み入れる企業にとって、AI セキュリティは AI による長期的な成功と競争力のために必要な要素なのです。

AI のセキュリティチェックリスト

- あなたの組織は、AI を導入することで、新たなセキュリティリスクを生み出していませんか？
- あなたの組織は、AI リスクに対する従業員の意識を実現するための戦略を持っていますか？
- 収集したデータのセキュリティはどのように維持・管理されていますか？　責任者は誰ですか？　必要なツールや知識を持っていますか？機密データは匿名化されていますか？
- 組織のサイバーインフラと専門家は、AI 固有のセキュリティリスク（敵対的な AI モデルの操作、データのリバースエンジニアリングなど）に対応できますか？
- AI は攻撃に対して脆弱ではないですか？　外部で発生しうる物理的、デジタル的、その他のリスクについて、それぞれ考えましたか？
- データやモデルを破損させる可能性のある不正や乱用などの内部リスクについて検討しましたか？
- これらのリスクを利用者に伝えていますか？
- 明確な役割と適切なセキュリティ承認を持つ、AI の構築および運用ス

キームがありますか？

- 潜在的なセキュリティ懸念について知っていることに基づいて、それでもそのユースケースを進めるべきですか？

AIセキュリティ強化のリーディングプラクティス

　AIセキュリティの課題は、組織がツールを大規模に展開するにつれて複雑化しています。セキュリティの脅威は、フィッシングメールやソーシャルエンジニアリングの悪用から、技術システムやエッジコンピューティングデバイスまで、様々な箇所から出現するため、サイバーセキュリティは常に企業全体の活動なのです。今後、組織はAIセキュリティを企業のサイバーセキュリティの他の側面と同様に真剣に取り組むべきであり、そのアプローチはある意味で似ています。AIセキュリティは、人、プロセス、技術というおなじみの観点で見ることができます。

人材

　データサイエンスチームは、特定のユースケースに適用するツールの開発に主眼を置いているかもしれませんが、そのツールや使用するデータ、実世界での運用方法について、セキュリティ上の意味を考慮しているでしょうか。AIツールの開発、トレーニング、管理における他の側面と同様に、システムアーキテクチャとセキュリティアーキテクチャの専門知識は、同じ人物にあるとは限りません。組織のデータサイエンス業務に必要なスキルセットは、セキュリティに関する考察を提供し、それらがAIの設計と展開によってどのような影響を受けるかを追跡することを任務とする人または複数の人です。AIセキュリティがまだ新しい分野であることを考えると、企業は既存のサイバーセキュリティの専門家に目を向け、彼らがAIセキュリティの推進に参加できるかどうか、またどのように参加できるかを判断することができます。

　一方、すべての従業員はAIセキュリティにおいて果たすべき役割を担っており、社内外の関係者はセキュリティの原則に対する期待を理解する必要があります。ただし、これらの原則が何であるかは、AIに特化したコンプライアン

スプログラムがまだ確立されていないため、組織として定義することが課題となっています。組織は、知識を共有し、セキュリティの取り組みを調整するために、業界のパートナーと協力することがあります。

プロセス

AIセキュリティの重要な要素は、AIのライフサイクルを通じてセキュリティの意思決定と監視を組み込むことです。これは、モデルの開発時、あるいは第三者から取得する際に、セキュリティの目的とリスクを決定することから始まります。リスク評価は、システムの使用方法、適用される可能性のあるプライバシーや規制のルール、他の組織やシステムとの相互作用や依存、そして基本的にはモデルの学習と使用にどれだけのデータが必要かを理解することに基づいて実施する必要があります。実際、AIセキュリティの課題の1つは、侵害された場合に漏えいされる可能性のあるデータの量であり、組織はAIのライフサイクル全体にわたってデータの消費と漏えいを継続的に監視する必要があります。

その一環として、組織はシステムの脆弱性を調査するテストプロセスを確立し、予防・検出のリスクコントロールを段階的に実施する必要があります。これは、従来のIT資産管理の制御を超え、AIの基盤技術とデータに特化したものです。これには、変更を監視するAI設定のベースラインと、検出および監視手順の実装が必要です。

このため、AIセキュリティは、AIライフサイクル全体を加速させるAIモデルの開発と運用の統合と自動化であるMLOpsの一部となることが求められています[12]。継続的インテグレーション（CI）と継続的デリバリー（CD）には、必然的に継続的モニタリングが含まれます。これにより、モデルのパフォーマンス、侵害の有無、緩和策の迅速な適用、運用環境の変化に伴うモデルの再トレーニングの必要性に対する洞察などを継続的に把握することができます。さらに、AIシステムが危険にさらされ、個人情報が漏えいした場合、MLOpsの構成要素であるセキュリティによって、企業は適切なデータの取り扱いとセキュリティ対策の記録を規制当局やその他の当局に提示することができます。

テクノロジー

　AIシステムをサイバーセキュリティに活用することはまだ初期段階ですが、侵入検知の自動化にAIツールを活用することが期待されています。近い将来、マイクロソフトの事例で推奨されているように、すべてのモデルがフォレンジック機能を持つようになるはずです[13]。これは、侵入が発生した場合に規制当局に報告するためのもので、開発者が侵害の発生状況を追跡し、再発を防止するために使用できる証跡を作成するものでもあります。また、組織の技術インフラ、特に「認証、職務分掌、入力検証、サービス拒否」などの領域において、AI特有の変更が必要です[14]。

　また、モデルの開発・入手方法についても考慮する必要があります。多くのモデルは、オープンソースのコードを、特定のユースケースのためにカスタマイズした可能性があります。そのオープンソースコードはどの程度広く使われているのでしょうか。既知の悪用や脆弱性はないか。カスタマイズによって、セキュリティはどの程度強化されるのか、あるいは低下するのか。これらの同じ質問は、サードパーティからモデルを取得する場合にも重要です。企業は、セキュリティとフォレンジック[i]がモデルに組み込まれているかどうか、モデルの回復力と完全性を強化するために必要な追加の手順があるかどうかをサードパーティと議論する必要があります。

　そして、どのような場合でも、データのセキュリティが最も重要であることに変わりはありません。攻撃者がトレーニングデータにアクセスできれば、モデルの動作を直接見ることができ、その動作に影響を与える方法を考えることができます。サイバーセキュリティは、すでに企業の優先事項となっていると思われますが、AIセキュリティにも必要な要素です。モデルの学習がオフラインで行われたとしても、AIの運用や継続的な機械学習による定期的な情報の入れ替わりと同様に、データは脆弱である可能性があります。

AIで未来を守る

　BAM社（および競合他社）にとって、AIセキュリティは比較的新しい領域

---

i　訳注：セキュリティ事故が起きた際に、システムに関連する情報を収集し、被害状況の解明や犯罪捜査に必要な法的証拠を明らかにする取り組み。

でした。日々のセキュリティに関する懸念と並行して、CIO の Masami は、潜在的に脆弱な AI システムに目を光らせていました。彼女は、データサイエンスや AI チームと協力して、脅威を監視するための他のシステムを取得し、進化する脅威の状況を把握するためにセキュリティ機関と定期的に連絡をとりました。

あらゆるサイバーセキュリティと同様に、Masami は、セキュリティが確保され、自分の仕事に終わりはないことを知っていました。その代わりに、AI セキュリティは、準備、意識、警戒心といった、サイバーセキュリティの課題に対する強固なアプローチに大きく依存しています。彼女は、脅威が顕在化するかどうかはわからないが、もし顕在化しても、BAM 社にはその準備ができていました。

結局のところ、AI セキュリティは、専用のツールやベストプラクティスを備えた実践分野として登場したに過ぎないのです。しかし、サイバー時代の幕開けからの教訓は、脅威がより複雑で巧妙になる前の今こそ、AI セキュリティに取り組むべきときであることを教えてくれています。今後、AI セキュリティを促す法律や規制が登場するでしょうが、そのときを待つべきではありません。AI が価値を持つためには、企業、エンドユーザー、そして広く一般から信頼される必要があります。セキュリティがなければ、その信頼は得られず、その結果は現在のところ未知数であるのと同様に深刻なものとなるでしょう。

未知の領域を開拓し、リスクを負うこと
で、私たちは様々な成果を得たが、とりわけ
過ちにたどり着くことができた。その過ち
は、未来について事前に準備することができ
るパラダイムへと私たちを導いた。このパラ
ダイムの観点から、どのように考え、何をし、
どうあるべきかを人々に教育することが、次
の真のチャレンジとなる。

Margaret H. Hamilton

（マーガレット・H・ハミルトン）[a]

---

a　訳注：アメリカ合衆国のコンピュータ科学者。アポロ計画のソフトウェア開発のリーダーであ
　り、ソフトウェア工学の発展において重要な役割を果たした人物の一人。

第7章 安全性

　チーフデータサイエンティストのJuan（ホアン）は、毎週チーム全員を集めて行っているミーティングを楽しみにしていました。それは、Juanにとって彼らの取り組みや様々なアイデアに目を通して、目標に向けた取り組みの状況を測る良い機会となっていました。概して、BAM社のデータサイエンスチームは超一流でした。しかし、同社のAI活用が進むにつれて、Juanは、自分たちがAIモデルの性能を深く検証して、AIを導入する前にそれが使用に値するかどうかを厳しく検証できるようなチームになるべきだと感じていました。

　Juanはリーダーとして、AIのライフサイクルにMLOpsを導入することに取り組んでおり、週次の定例ミーティングで、すでにテスト段階に入っていたこの新しいシステムに関する話し合いの場を設けました。するとデータサイエンティストたちが、新しいシステムを使えば常に高いスループット（処理速度）を達成できることを興奮気味に報告してきました。確かにそれは要求通りであり、表面上は目的を達成したかのように見えていました。

　「スピードが速ければ良いのですか？」とJuanが尋ねました。

　それに対してサブリーダーは「そのためのシステムですよね」と答えました。

　Juanがわかった上で「このシステムの機能はスピード以外の目的でもきちんと最適化されていますか？」と聞くと「なぜそんなことをするのですか？」という答えが返ってきました。

　Juanは、このような失敗を前にも経験したことがありました。システムの技術的な性能ばかりが注目され、ユーザーへの配慮が疎かになっていたのです。新しいシステムは、さらに多くの検証を必要としていました。

　AIシステムというのは複雑な演算をしつつも、設計者やオペレーターが決

めたことのみを行うことができます。AI の安全性は、人間の責任です。新た
な機能およびより高い効率性や生産性を追求する中で、私たちは使用するツー
ルの用途が社会的に受け入れられ、その運用が無害であることを保証しなけれ
ばなりません。その目的は、一貫して、そして展開過程全般に渡って、私たち
のウェルビーイング[b]と一致するものでなければなりません。サイバネティッ
クスの研究者である Norbert Wiener（ノーバート・ウィーナー）は 1960 年に
次のように[c]記しています。

> 動作が非常に速く取り消し不可能であるがゆえに、動作が完了する前
> に介入できるだけのデータが得られないような、つまり、ひとたび作
> 動するとその動作に効率的に干渉することができない機械的な装置を
> 何かの目的のために使うのであれば、その目的の表面的な部分ではな
> く本質が機械に込められていることを、しっかりと確認しなければな
> らない[2]。

より高度な AI が、重要度の高いタスクに用いられるようになるにつれ、安
全性は後回しにできないものとなっています。むしろ、AI の安全性はシステ
ムの設計と管理に組み込まれるべきであり、利害が大きくなればなるほど重要
になります。

AI が安全性に対してどのような脅威となりうるかをより深く理解するため
に、安全や有害の意味を考えてみましょう。

AI における安全と危害

倫理的な概念の意味を正確に定義することは、思いのほか難しいものです。

---

b　訳注：身体的な健康や心理的な幸福感、社会的な満足感など、総合的な健康と幸福の状態を指
　　す言葉。
c　訳注：Wiener の、通信工学と制御工学を融合したサイバネティックス（cybernetics）理論では
　　「生物も機械もある目的を達成するために構成されたシステムであり、物事を推し進めるために
　　は、様々な処理機能に依頼し、フィードバックをもらいながら目的達成に向けて進めることにな
　　る。しかし、依頼した後の処理中でも何かしらの事情で中断する等、制御できるようにすべきで
　　あり、このことが安全性である。」としている。

道徳的概念の意味の言語化すら困難である中、ましてやそれを数学的に表現したり、AIツールに組み込むことの難しさは計り知れないでしょう。

　安全とは何でしょうか？　最も単純に考えれば、危害を与えないということでしょう。しかし、危害とは何でしょうか？　これはもっと曖昧です。John Stuart Mill（ジョン・スチュアート・ミル）の危害原理（Harm Principle）では、他者に危害を及ぼさない限り、個人は自由に行動することができるとしていて、この考え方は危害や被害者を定義しようとする際にしばしば取り上げられます。そしてそれは、システムがその目的を達成する過程において危害を及ぼすことなく、最大限の有用性を発揮することが求められるという点において、AIにとっても哲学的な意味を持つと言えるでしょう。しかしまるでヒポクラテスの誓い（Hippocratic Oath）のような「危害を加えてはいけない」というルールをAIに課すことは容易ではありません。安全なAIを作るには、（少なくとも現時点では）一言で済むようなルールではなく、はるかに多くのことを検討することが必要です。AIの文脈においての危害には以下のようなものが含まれます。

物理的な危害

　AIは物理的な危害をもたらす恐れがあります。危害は、AIを搭載した機器によって、または、システムの不具合や間違ったアウトプットによって生じる可能性があります。2016年にカリフォルニア州パロアルトのショッピングセンターで発生した事例を考えてみましょう。そのショッピングセンターで使用されている警備ロボットは、犯罪者やその他の不審な動きを警告するために敷地内を巡回していました。その際、生後16ヶ月の男の子にぶつかり、転倒させ、足を轢いてしまったのです[3]。さらに衝突後もロボットは何事もなかったかのように動き続けました。

　男の子に大きな怪我はありませんでしたが、当然男の子の両親は憤慨しました。安全性を確保するためのロボットが、かえって安全性を脅かすこととなったわけです。さらに、何事もなかったかのように動き続けたロボットの無関心さが、AIによる物理的な危害がなぜそれほどまでに不安を煽るものであるかを物語っています。AIは限られたユースケースには高度な機能を発揮しますが、

その一方で収集・分析できたデータから得られる結果から逸脱したことには無頓着になることがあります。

心理的な危害

　多くの消費者は、毎日どれだけの頻度で AI と接しているのかを把握していないでしょう。もしかしたらユーザーが AI を使用していると意識すらしていない場合もあります（例えば、電子メールツールがリアルタイムで文章の修正を促したり誤字脱字を知らせたりするなど）。しかし、人間と AI との関わり方によっては、ユーザーが AI を使用していると認識することが重要である場合があります。私たちは、人間と機械の関わりを、人間対人間の関係になぞらえて考えるようにできているのです。University of Kansas（カンザス大学）の研究者が 2020 年に発表した研究によると、AI に対する人間の信頼感は、親子関係や恋愛関係で中核的な役割を果たす愛着スタイル（attachment style）というものと関係があることがわかりました[4]。つまり、人間は AI を人間の社会的概念のもとに扱う傾向があるのかもしれないということです。

　映画「Ex Machina（エクス・マキナ）」の宣伝担当者は宣伝の一環で、ある出会い系プラットフォームにプロフィールを作成し、それをチャットボットにつなげました。その結果、一部のユーザーは、実際には映画の主人公にちなんで名づけられた AI とチャットしていたにもかかわらず、恋人候補とチャットしているつもりになってしまいました。確かに巧妙な宣伝方法ではありましたが、少なくとも 1 人のユーザーは「感情を激しく弄ばれた」と苦い思いを吐露しています[5]。偶然この AI とチャットしてしまったこの人はいずれ立ち直れることとは思いますが、このような宣伝が企画されたとき、ユーザーの気持ちはどの程度考慮されたのでしょうか。

経済的な危害

　AI ツールによる判断やレコメンデーションは、人が住宅ローンを組む資格があるかどうか、仕事に採用されるかどうか、公的給付を受ける資格があるかどうかなど、様々なことを左右する可能性があります。また、企業にとって精

度の低いAIは業務効率、生産性、コストに対して影響があります。ここで、金融取引における経済的損害の可能性を考えてみましょう。

　2019年、ある裕福な投資家が投資グループと協力して数十億ドルを運用し、その一環でスーパーコンピュータで管理されたヘッジファンドに一部の資金を投入しました[6]。ところが、期待していたハイリターンとは裏腹に、ヘッジファンドの資金運用に活用されていたAIのせいで定期的に損失が発生し、最もひどいときには1日で2000万ドルの損失が出ました。その後投資家は、投資グループがAIを過剰に売り込んだと主張し、2300万ドルを求めて訴訟を起こしました。投資グループは、高収益を約束した事実はないと主張してはいるものの、かつての顧客に経済的損害を与えたとして、法的な争いになっていることに変わりはありません。このことは今後責任あるAIの定義を考える上で、一つの教訓となるでしょう。

環境への危害

　AIツールは与えられた目的に従って動作しますが、その目的が、人間が一般的に重要視する事柄と照らし合わせて妥当かどうかを判断することはできません。例えば、あらゆる企業にとって、廃棄物の削減や大気汚染、環境負荷の最小化は不変的な課題ですが、これらの課題を考慮するようにプログラムされていない限り、AIツールはそれらを考慮することなく、ただひたすら与えられた目的を追求します。

　しかも、AIの開発には多くのエネルギーを消費します。The University of Massachusetts Amherst（マサチューセッツ大学アマースト校）の研究によると、1つの自然言語処理（NLP）モデルのトレーニングには、アメリカを横断するフライトの往復300回分、またはアメリカ車が廃車までに排出する量の5倍の二酸化炭素が発生すると言われています[7]。そして、最も大きなエネルギー消費は、モデルの精度を上げるための微調整の際に生じ、これは組織にとっていくつかの問題を提起するものです。つまりそれは、モデルが与えられた目的を達成するためには、どれくらいの精度が必要なのかということや、アルゴリズムの精度とエネルギー効率の間には妥当なバランスがあるのだろうかということです。

法的な危害

　AI の設計と活用は、データセキュリティ、プライバシー、差別の禁止、公共の安全など、様々な法律に抵触する可能性をはらんでいます。もし、その利用の過程で法律に違反するようなことがあれば、事業者は責任と法的な対応を迫られることになります。これは、AI の危害の影響が連鎖的に作用することを示します。もし AI システムが、保護された情報を不用意に漏洩してしまったら、その行為によって危害が生じ、その結果、企業に法的危害が及ぶ可能性があります。すべての AI システムにとって重要な問いは、このシステムは安全に使えるのか、そして、もし安全に使えるとしたら、安全であることをどのように確認するのかというものです。どのような予防措置や、確認などの業務プロセスによって、ビジネスに法的損害を与えないようにすることができるのか、また、もしその予防線が破られた場合、誰が責任を負うべきでしょうか。

人間の価値観に合わせて最適化すること

　AI を扱うデータサイエンティストにとっての課題の一つは、自分たちの取り組みの目的と、AI が達成する目的を一致させることです。たとえ話として、ギリシャ神話のエオス（不老不死の女神）とティトノス（人間）という恋人同士の話をあげてみましょう。人間であるティトノスはいつか死んでしまうので、女神であるエオスはゼウスに頼みティトノスを不死にしてもらいました。しかし、永遠の若さを頼み忘れてしまい、ティトノスは永遠に老いて疲れ果て弱くなり続ける結果となってしまいました。エオスの頼みごとの本当の目的（今のままのティトノスと一緒にいること）は、彼女が得た結果に反映されていなかったということになります。

　表面的には、安全な AI とは、システムを枠にはめて制約を課してどのような問題にも対処できるようなコードを書くだけのシンプルなことに思えるかもしれません。SF 作家の Isaac Asimov（アイザック・アシモフ）が 1942 年に発表した短編小説「堂々めぐり（*Runaround*）」で書いた、有名な「ロボット工学三法則」がそれを示しています。

1. ロボットは人間に危害を加えてはならない。また、その危険を看過する

ことによって、人間に危害を及ぼしてはならない。

2. ロボットは人間にあたえられた命令に服従しなければならない。ただし、あたえられた命令が、第一条に反する場合は、この限りでない。

3. ロボットは、前掲第一条および第二条に反するおそれのないかぎり、自己をまもらなければならない[d]。

　しかし実際には、AI の安全性に関する問題は、コードを書くだけの単純なものではありません。AI には、人間とは何なのかどころか、危害、危害の度合い、さらには、ある行為とその行為が引き起こしうるマイナスの結果の道徳的トレードオフといった概念もわからないのです。結局のところ、AI とは、機能を報酬に基づいて最適化するための一連の複雑な方程式に過ぎないのです。

　Norbert Wiener が言ったように、私たちは AI が果たすよう設計された目的が、自分たちが本当に望む目的と一致していることを確かめなければならず、それは AI の機能と人間の価値観との間の整合性を確保することを意味します。これは「価値観の整合性（Value Alignment）」問題と呼ばれており、Stuart Russel（スチュアート・ラッセル）など AI の第一人者によって提唱されています[8]。

　一般的には、人の価値観とは、その人が望ましいと思う物事のあり方です。Russel の考えでは、AI は好ましい結果をもたらすような質の高い意思決定をするために存在します。AI 開発者がそのような要望を認識し、その要望に沿うように AI を最適化します。しかし、前述のエオスのたとえ話で言うと、AI 開発者が、不死と永遠の若さの両方が手に入るようにプログラミングしたと確信を持って言えるでしょうか。AI は好ましい結果をもたらすように最適化されているでしょうか。ラッセルの考えでは、これは次の 2 つの問題につながります。

1. **効用関数が人間の価値観と整合しない可能性がある。**人間の価値観は、個人や集団ごとに異なり、一意に定義するのも、数学的に数式で表すのも

d　日本語訳出典：アイザック・アシモフ（小尾芙佐　訳）『われはロボット　決定版』（早川書房、2004 年）。

困難である。

2. **インテリジェントなシステムは自らが継続的に存在するために行動し、目的達成のために必要なリソースを得ようとする。**AI は「自分」のために行動するのではなく、目的を達成するためのインセンティブを与えられていることから、長期的に、機械がますます高度化すればするほど、意図しない危害をもたらす危険性がある。

　価値観の整合性に関するこうした問題は、AI 研究のあり方や AI システムの導入・管理のあり方を再考するきっかけとなります。Russel の言葉を借りれば「人間の価値観と整合性があることを証明できる知能を構築する必要がある」のです。

人間の価値観と AI の目的の整合性

　さて、チーフデータサイエンティストの Juan の話に戻りましょう。彼はチームに、システムを仮想環境でテストするように指示しました。人間の従業員と機械の位置関係をモデル化し、社内や第三者からの事故報告のデータセットを取り込みました。すると確かに、このシステムは Juan の知る限り、他のどのシステムよりも速いものでした。これがあれば、生産フローや生産量の向上に著しい効果が期待できるでしょう。

　一方で、仮想環境でのテストは、統計上、1 人の人間の従業員が致命的な重症を負う可能性をも示しました。その確率は決して高くはありませんが、テスト結果に如実に表れていました。

　「これではダメだ」と、Juan はチームに告げました。「このシステムのせいで誰かが犠牲になる確率はゼロでなければいけない。もう一度学習させ直して、今度はスピードだけではなく、それ以外のものについても最適化する必要がある」。

　このような状況は、AI を活用している企業であれば、どこでも起こりうることです。システムがある 1 つの目的に対して最適化されると、他の目的が考慮されなくなり、設計の意図に反した結果を招くことがあります。例えば、がんを発見して治療法を提案するように訓練されたシステムは、その限られたタス

クにおいては非常に有効かもしれませんが、AIシステムが考慮していない病気を患者が併発している場合、患者の総合的な健康という本当の目的を満たす最適な治療法を提案できないかもしれません。

　設計時に価値観を効果的に組み込むことに加えて、操作や報酬関数の指標に基づいてシステムが学習する能力も必要かもしれません。数学的な枠組みでシステムを縛るのではなく、環境からのフィードバックによって、システムを調整するのです。この手法は、強化学習（reinforcement learning）と呼ばれる機械学習の一種です。教師あり学習（supervised learning）、教師なし学習（unsupervised learning）とは違って、強化学習は、AIシステムが試行錯誤を繰り返しながら報酬を得ることを学習する方法です。AIシステムの目的は最初に決まっていません。AIシステムは、報酬関数から得られる値が最大化されるように動くことで、目的とそれを満たす行動を学習します[9]。時間とともに、システムは目的を追い求めるようにチューニングされていきます。つまり、システムは人間が何を望んでいるのか、教えられるのではなく、学習していくのです。

　強化学習はシミュレータで行われることがほとんどですが、状況が流動的で人間の価値観が複雑な現実世界の環境での学習のほうがより効果的かもしれません。しかし、実際に現実世界に展開した後に学習することは、安全性の面で懸念があります。問題は、AIを導入する組織やステークホルダにとって、どの程度の安全リスクを許容できるかということです。どこで線引きをして、誰が線引きをすればよいのでしょうか。

　全米安全評議会（National Safety Council）によると、米国において自動車事故で死亡する生涯確率は107分の1です[10]。仮に自動運転車による死亡事故の確率を1万分の1にできたとして、それは十分に安全と言えるでしょうか。安全とは絶対的な考えでしょうか、それともAIがない場合よりも安全であればいいという相対的な考えでしょうか。後者の場合、どの程度の安全性が必要で、それをどのように測定するのでしょうか。また、信頼できるAIの他の側面は、安全性の解釈にどのような影響を与えるのでしょうか。例えば、AIツールがどのように計算結果を算出しているのか説明できない場合、安全性を判断

することはできないものでしょうか。たとえ安全であったとしても、AI を信頼できるわけではないということになりはしないでしょうか。これらの疑問は、信頼できる AI を構成する概念が複雑に絡み合っていることを示しています。

　しかし、結局のところ、安全を 1 つの尺度やレベルで考えるのは適切ではないかもしれません。安全とは 1 つの対策ではなく、AI のライフサイクルのあらゆる領域とそこに関わるすべてのステークホルダに関わる、一連の継続的なアクティビティとプロセスのことだと言えるでしょう[11]。

AI の安全チェックリスト

- 対象となるモデルがユーザーや組織、周辺環境に危害を及ぼす可能性はありますか？　それはどのように評価され、監視されますか？　評価の実施責任者は誰で、どれくらいの頻度で実施されますか？
- 考えられるすべての安全上の問題を検討するにふさわしい、考え方の多様性と専門知識を備えていますか？
- 従業員は、安全に関する懸念事項を注視し報告するための知識とスキルを持っていますか？　安全性に関するエンドユーザーからの報告を受けるための連絡手段を設けていますか？
- AI の安全性と潜在的なリスクについて、定期的に評価するプロセスがありますか？
- 安全性に関するリスクをユーザーやステークホルダに伝えていますか？　安全性が懸念される場合、ユーザーが AI を利用しない判断（オプトアウト）をできるような仕組みを設けていますか？
- 対象となるユースケースの推進継続は、想定される安全上の問題点を踏まえた上で判断していますか？

安全性の技術面における先進的な取り組み

DeepMind の Safety Research は、AI の技術的な安全性には、大きく分けて、

仕様（specification）、堅牢性（robustness）、保証（assurance）の 3 つの領域があるとしています[12]。

仕様とは、意図したものが結果として得られようにするために AI モデルの目的を定義することです。これは、理想的仕様（人間の目的を完璧に実現する理想的なシステム）、設計仕様（システムを構築するための実際の設計図）、および顕在化した仕様（動作環境で生じた事象の記述）に分けることができます。

堅牢性とは、あらゆる動作条件下で安全に機能するシステムの能力のことを指します。実験環境では動作環境の影響が予測の範囲で生じますが、現実の世界は予測不可能で、予期せぬ障害に満ちています。システムには、リスクを回避し、トラブルから回復し、障害が発生するとしても、想定の範囲内で発生させる能力が必要です。

保証とは、導入後のシステムの管理と改善・修繕を意味します。これは、エンドユーザーの声、および、AI システム管理者やビジネスリーダーによる戦略目標に照らし合わせた AI の提供価値の評価など、様々な関係者やシステムによる継続的な監視によって実現します。

これらの分類は、リスク軽減のアプローチを構成するのに役立つだけでなく、AI の安全性に関するより幅広い必要事項を示唆するものでもあります。つまりこれらは、モデルの設計段階から利用終了段階に至るまで、監視、追跡、改善、そして管理されるべき要素だということです。そのためには、データサイエンス分野だけでなく、それ以外の人々の関与も必要です。データサイエンティストが、AI の安全性を制御し改善するための技術的手段を明らかにすると同時に、ビジネスにおけるステークホルダ、エンドユーザー、倫理学者、そしてさらには哲学者からの意見も聞く必要があります。この新しい AI の世界では、1 つのグループがすべての答えを持つということはなく、安全という極めて重要なものに向けて、全社の総力を挙げて AI システムの設計と管理をすることが必要です。

Bryant Walker Smith（ブライアント・ウォーカー・スミス）は、AI の安全性は「コーポレートガバナンス、設計思想、人材の採用と監督、標準規格の評価と組み込み、監視と改善、コミュニケーションと情報開示、そして最終的な老朽化に対する計画を包含する」と述べています[13]。要するに、すべてのステーク

ホルダが果たすべき役割を持ち、それを促進することがビジネスの決定やプロセスに波及するということです。安全なAIの構築と利活用に向けて組織を方向づける先進的な取り組みには、次のようなものがあります。

評価のための安全指標の設定

　AIシステムは様々な用途に使用され、用途によって安全リスクのレベルも様々です。例えば、顧客からの問い合わせに対応するチャットボットの場合、日常的で徹底した監視が必要になることはまずないでしょう。一方、荷物を無人搬送するドローンには、数多くの重大な安全リスクが伴います。AIの安全性を評価するためには、どのような指標が必要かを設計段階から検討しておく必要があります。

監視と評価

　AIの安全性に係る対処は、一回限りのことではありません。モデルの精度低下をデータサイエンティストや管理者が監視・修正するのはもちろんですが、開発から展開までのすべての段階において、複数のステークホルダがAIの安全性に関する評価と対処に関与するべきです。各段階で安全性を評価し、AIが現実世界の環境にどの程度適合しているかを把握する必要があります[14]。さらに、運用環境のデータや状況が時間の経過とともに変化する中、システムが安全であり続けているかどうか、あるいは予測不可能な環境によって新たな脆弱性や疑わしい事象が生じていないかを監視します。業務全体でこのような評価を行い、また、レビューと継続的な評価のために評価結果を記録に残しておくことが最善でしょう[15]。

すべての人の巻き込み

　様々な環境で発生しうる安全上の問題すべてを、一人の人間だけで把握したり想像したりすることは厳しいでしょう。AIの安全に関する検討事項の多くは、まだ想像の域を超えていません。現実の環境での運用を実現するために、組織は、すべてのステークホルダからアイデアや意見、懸念などを募るためのプロセスを確立する必要があります。そのステークホルダには、AI専門家、経

営層、事業部門長、リスクとセキュリティの専門家、営業やカスタマーサービスの担当者、倫理学者、法律と規制の専門家、研究者、政策立案者、そしてもちろんエンドユーザーが含まれます。これらのステークホルダの心配事やアイデアを取り込むことで、AIの開発と導入に携わるチームは、安全なAIを設計、監視するためのより高い意識と洞察力を備えることができるのです。

ビジネスとエンドユーザーの価値観の理解

　ステークホルダから意見を募り、AIの目的と整合させるために、ビジネスとエンドユーザーの双方が最も重要だと評価する価値観を集約します。共通の期待値を明らかにし、それを企業戦略と調和させ、そこから得られる示唆をAIシステムの開発と管理に活用します。

未来に向けた開発・展開

　今日AIツールの導入や開発に携わっている組織は、いわばAIの先駆者です。現在開発やテストがなされ、効果検証されて改良されたものが、今後のAIの導入・開発の土台となり、標準となるのです。象徴的な例として、インターネットの初期の頃を振り返ってみると、もしその頃に安全性やセキュリティがもっと配慮されていたら、現在のインターネットは技術や人々にとってより安全な場所だったかもしれません。このことは、決して過去にイノベーションを起こした人たちへの批判ではなく、今日行われることが、未来に渡って永続的に影響を及ぼし続け、その代償が大きくなり続ける可能性があるという教訓となっています。

AIとの未来をより安全にするために

　データサイエンスチームの次の会議で、Juanが再トレーニングの進捗を尋ねところ、まだ、現場に導入できる状態には至ってはいませんでした。統計的に人間に危害を加える可能性は低くなってはいたものの、それでもゼロにはなっていなかったのです。

　「ほぼ毎日、開発チームから問い合わせがあるんだ。」と彼は言いました。「開発チームは、このシステムが稼働することを熱望している。でも、彼らには待

ってもらうしかない。この AI が安全だと確信が持てない限り、導入はしない。データや AI だけでなく、人間のことを考えるのが私たちの責任なんだ。」

　AI が現代の経済や社会にますます浸透していく中で、AI がもたらす安全性への影響に対処することは、私たちにとって（そして私たちの取引先、顧客、職場の同僚にとっても）喫緊の関心事です。ターミネーター（Terminator）や『2001 年宇宙の旅』（*2001 Space Odyssey*）の HAL のような技術の未来形を心配する研究者や AI 関係者はほとんどいませんが、AI 領域の第一人者たちは、安全性は重要な要素であり、システムの中に組み込まれなければならない、と注意喚起しています。ただしこれは、恐怖や不安を煽っているわけではなく、私たちが向き合っているテクノロジーの特徴を明確にしているのです。つまり AI は、私たちの豊かさや価値観に関わることとして細心の注意を払う必要がある、革新的で革命的なテクノロジーであるということです。

　間違った選択をすれば、SF 作品に描かれているような恐ろしい結果を招くことになるかもしれません。しかし、もし今日の AI に安全性の原則と人間の価値観との整合性を埋め込むことができれば、このテクノロジー革命が発揮する効果を最大化することができるでしょう。

将来は予測することはできないが、将来は
創り出すことができる。

Dennis Gabor（デニス・ガボール）[a]

---

a　訳注：ハンガリー出身の物理学者で、ホログラフィーの発明者。1971 年にノーベル物理学賞を
受賞し、光学や情報処理分野に多大な貢献をした。

第8章　プライバシー

　BAM 社の最高データ責任者、Marguerite（マルゲリット）はこんなにもどかしい思いをしたことはありません。自社の製品が市場に出回った後のデータの扱いに気をもむことなどこれまでありませんでした。しかし、とある国で、法律がデータの共有や国外への持ち出しを厳しく制限しているために、データから製品がどのように機能しているのかを把握することがほとんどできない状態になってしまったのです。

　彼女にしてみたら、この法律は理にかなっていないものでした。同社の製品は、ほぼリアルタイムで複数の AI システムが機能を監視できるように、非常に詳細なデータをデータレイクに送り込むエッジコンピューティング機能を備えていました。BAM 社の顧客は、製品の耐用年数や耐久性の観点から、製品のメンテナンス方法をこまめに案内され、時期が来れば買い替えの検討についても案内されるようになっています。それは、品質の証とも言えるものなのです。

　しかしプライバシーの法律により、その国からは BAM 社の品質基準を維持するために必要なデータ、ましてや将来の製品改良のために必要なデータが開示されないのです。この問題を見過ごすわけにはいきませんが、解決への道筋は一向に見えません。

　AI におけるプライバシー（privacy）に関しては、政府機関や消費者などのステークホルダが倫理的価値をどう考えるかによって法律や規制が定められています。これらの法律は地域によって異なることがあり、AI を扱う事業者は、どこで事業を行うにせよ、複数のプライバシー要件と向き合わなければなりません。そしてプライバシーの問題は、人に関するデータを扱う場合に最も重要

なものになります。人間は、自分の興味や行動を反映した膨大な量のデータを
日々作成します。視聴するメディアから、購入する商品、ウェアラブルデバイ
スで計測される健康状態まで、人間はデータを生成し続ける存在であり、これ
らの情報はすべて AI ツールの開発や改良に必要なものです。そして多くの場
合、私たちのデータを活かした AI システムは、レコメンダ^bのアルゴリズムや
渋滞を避けるための道案内など、私たちにとって役に立つ、何ら害のないサー
ビスを提供してくれます。

　しかし、私たちは日常的にテクノロジーと接することで、デリケートな個人
情報を日々作り出していることも事実です。このようなデータの中には、医療
記録、個人を特定できる情報、金融取引など、プライバシーが保たれ、慎重に
扱われることが望まれるデータも含まれます。データは誰が保管しているので
しょうか。人は、自分が作成したデータの範囲とその所在を認識しているでし
ょうか。自分のデータに対して意味のある制御ができるでしょうか。また、で
きるべきでしょうか。

　AI において、プライバシーはあいまいな要素です。多くの倫理的概念がそ
うであるように、プライバシーには多様な定義が存在し、AI の開発および使用
に対して多岐にわたる影響を及ぼします。ほとんどの人がプライバシーの大切
さに同意するでしょうけれど、プライバシーとは何か、どのようにそれを守る
かについて明確な認識を持つ人はあまりいないかもしれません。AI における
プライバシーとは、センシティブな情報の保護、データの利用に関する同意の
取得、モデルのレジリエンス^cおよび保護されたデータの漏洩や流出の防止、プ
ライバシーを尊重するようなモデルの活用、そしてプライバシー保護をただ奨
励するだけではなく実際に義務づけている世界中の新しい法律や規制への対応
に関わるものです。

　これは、AI システムを業務全体に取り入れている事業者にとって、信頼でき
るツールを構築するための不可欠な要素を浮き彫りにします。まず、自分たち
がどのようなデータを収集しているのか、顧客などがその収集と使用に同意し

---

b　訳注：おすすめの商品やコンテンツを表示する機能。
c　訳注：不具合への耐性の高さや、回復力。

ているのかを把握する必要があります。そして、消費者がデータ共有に同意し、データプライバシーに関する懸念を意思表示することができるような仕組みを構築する必要があります。また、個人情報を収集する場合は、最も機密性の高い情報を曖昧にしたり隠したりする手段を用意し、将来的に予期せぬ形で利用されないよう、適切に廃棄するプロセスを備えておく必要があります。

　これらは AI、データ、そしてプライバシーが結びついたことで生じた喫緊の課題ではありますが、実は、技術とプライバシーをめぐる倫理的な問題は意外と目新しいものではありません。

（データ利用の）同意、管理、アクセス、そしてプライバシー

　新しい技術と成長する産業、そしてプライバシーに対する懸念が絡み合った状態は、今に始まったことではありません。Samuel Warren（サミュエル・ウォーレン）と Louis Brandeis（ルイス・ブランダイス）は 1890 年に *Harvard Law Review* 誌に次のように書いています。

　インスタント写真や新聞が、私生活や家庭生活という聖域に踏み込んできており、数々の機械装置が、「クローゼットの中でささやかれていることは、家の屋上から喧伝されるだろう」という予想を現実のものにしようと脅かしている[2]。

---

　100 年以上経った今、私たちは友人や見知らぬ人たちに見てもらうために、自分自身の写真や詳しい情報を投稿することで、綺麗に飾られた私生活を自らソーシャルメディアで喧伝しているのですから、彼らの懸念は的を射ていたと言えるでしょう。しかし、公の場で共有されたデータが、個人のプライバシーやデータ管理にどのような連鎖的な問題を引き起こすかは、当時想像もつかなかったでしょう。

　テクノロジーの能力および他者とコミュニケーションをとりたいという欲求、ならびに、その裏で行われるデータ収集や AI 開発と、19 世紀の著名な判事 Thomas Cooley（トマス・クーリー）が「ひとりで放っておいてもらう権利」と呼んだいまだ不変の倫理概念は常に綱引き状態にあります。

　表面的には、プライバシーは単純な問題であるように見えるかもしれません。例えば、米国では、1967年の最高裁判例で、令状なしの捜索や押収から国民を保護するアメリカ合衆国憲法修正第4条との関連でプライバシーが検討されました[3]。この判例は、次の2つの要素を持つ、Reasonable Expectation of Privacy Test（プライバシーへの合理的な期待の検定）と呼ばれるものへと発展しています。

1. 個人はプライバシーに対する一定の期待を有している。
2. その期待は社会的に合理的であることが認められる。

　この2つが満たされている場合、個人はプライバシーに対する正当な期待を有していると判断でき、この期待を侵害することは憲法修正第4条の違反にもなるというものです。これは、プライバシーとは私たちが主観的に期待するものであり、周囲の人々はその期待を合理的であるとみなすものだと考える、プライバシーの概念を追求するための良い出発点となる考え方です。

　しかし、このプライバシー観のAI分野への適用は、それほどすっきりしたものではありません。そもそもこの憲法修正第4条は政府の行動を制限するために狭く適用されるものですが、それだけでなく、AIを支えるデータの多くは、私たちがネットワークに接続された機器やシステムを使用する際に残すデジタルの痕跡の中で、同意の上で収集されたか、あるいは無意識に開示されたものなのです。少なくとも、そういったことが最高裁判例で定められたプライバシーへの期待の妥当性を弱めてしまうのです。

　このように、AIにおけるプライバシーとは、私たちがデジタルライフの副産物として、その使用に同意したり、気軽に預けたりした後のデータの使い方について言及することが多いのです。自身のプライバシーを守りたいということは、ある意味では、誰かが自分の情報をすでに手に入れた後、その情報を何らかの形で管理したい、または、誰がそのデータにアクセスでき、どのように使われるのかについて決定権を持ちたいということでもあります。

　しかし、このような形でのデータのコントロールは可能なのでしょうか。私たちはデジタルライフを満喫しつつ自分のデータをコントロールするといっ

た、いわば一挙両得のようなことができるのでしょうか？　コンピュータ倫理学者の James Moor（ジェームス・ムーア）と哲学者の Herman Tavani（ハーマン・タヴァーニ）は、コントロールはプライバシーの重要な要素ではあるが、コントロールの考え方は現代のテクノロジー状況の実態に合わせて補正されるべきだと指摘しています。彼らは次のように書いています。

> もしプライバシーを各人のコントロールに任せるのであれば、コンピュータ化されたこの世界では、今もこれからも十分なプライバシーが確保できることはないだろう。むしろ、機密性の高い個人情報については、たとえその所有者がそれをコントロールできる立場になくても、プライバシーを守るべきだと主張する方が合理的だろう[4]。

　各人による個人データのコントロールという課題は、私たちが生み出す膨大なデータが他人のデータも含む巨大なデータセットに集約されると、より一層手に負えないものになります。このようなデータセットに対して、どのような個人レベルのコントロールができうるのでしょうか。個人情報に対する個人のコントロールは、AI ツールがデータの分類によって推論された洞察を導き出した場合や、同じ交友関係内の他の人が共有することに同意したデータを介して個人情報が類推される場合などには、できなくなってしまいます[5]。
　突き詰めていくと、プライバシーを尊重できる AI を開発・利用するための倫理的な議論は、データの利用が個人に害を与えないようなデータの管理とアクセスに帰着します。一般的に、私たちは私生活の一部を非公開にすることで、（既知および未知の）潜在的な害から身を守っています。不当な扱い、操り、侮辱、機会の制限など、潜在的な害は数え上げればきりがありません。潜在的な害の現実よりも未知のものへの恐怖のほうが大きいかもしれませんが、だからこそ AI とデータがどのようにプライバシーを侵害しうるかを検討する動機となるのです。

AI のパワーとプライバシーの軋轢

　Marguerite は、海外からパフォーマンスデータを入手するための手段を検

討するべく、BAM 社の法務チームと、当該国の法律、政治力学、そして解決策を見出すために関係しそうなステークホルダについて協議しました。また、販売チームとも話をして購買傾向を探るとともに、アフターマーケットの問題の担当者にも相談しました。

　最終的に BAM 社は、他国の諸事情に合わせつつ自社のデータニーズを満たすデータ取得を可能にする、より高度な計画が必要であるという現実を目の当たりにしたのです。AI の活用を考える場合によくあるように、データプライバシーは個別のアプローチが必要な一筋縄ではいかない問題だったのです。

　結果的に Marguerite は経営陣と顧問を集めて方針を固めることにしました。それは決して完璧にできることでもなければ、たやすくできることでもありません。しかし、AI 活用に取り組む中でこのような問題に直面することは珍しくありません。新しい技術で新しい領域を切り開こうとするとき、その道が平坦であることは稀でしょう。

　AI ツールの性能は、学習、テスト、管理に使用されるデータによって決まります。豊富な属性と詳細な情報を持つデータセットは、より高い精度と優れた意思決定や洞察をもたらす、より強力な AI システムを生み出します。そのため、データサイエンティストを始めとする AI に携わる人々は、できるだけ多くのデータを取得し活用したいと考えるものです。BAM 社にとっても、アフターマーケットのデータが意味するのは、より多くの情報で製品を改善できるということでした。しかし場合によってはデータがセンシティブな個人情報であることも考えられます。このような場合、事業者はより役に立つ製品を作成することが、逆に人々のプライバシーを踏みにじるのではないかという、倫理的なジレンマに直面することになります。このような場合、どのようなことが起こりうるかを考えてみましょう。

不明瞭なデータ収集

　今日では多くの製品に AI が組み込まれたり、つながったりしています。手首につけた万歩計、スーパーマーケットにつながった冷蔵庫、連絡先を入力すれば利用できる無料のオンラインコンテンツ、車の中、オフィス、ショッピングモール、ベッドの上に座っているときなど、私たちは自分に関するあらゆる

詳細情報を吸い上げる AI に囲まれているのです。そして多くの場合、こうしたデータの共有は、私たちが使用するデバイスや世の中との関わり方を向上させる上で新たな価値を生んでいます。

　しかし私たちの多くは、こうしたデータ収集について、どのような情報が共有されているのかも含めて、限られた認識しか持っていません。たとえば車で通勤している最中に、自動車メーカーがエンジンのピッチングやローリング、ヨーイングを遠隔で記録していることが気になるでしょうか。さらに、そのデータを AI が吸い上げ、運転の癖を推論し、保険会社に情報を流して保険料が値上げされたとしたらどうでしょう。その場合、データの共有は問題になるのでしょうか。そしてそれはプライバシーの侵害となるのでしょうか。

細部の予測と推論

　深層学習はデータのパターンを見つけ出しますが、場合によっては、直観的に理解しにくいパターンや、人間の理解できる量を超えたデータセットを扱う人工知能によってのみ発見されるような未知のパターンを見つけ出すこともあります。パターンを分析することで、ある人が自身の個人情報を特段開示していなくても、AI がその人に関するデータ情報を推論できる可能性があります。代数の方程式のように、2つの変数さえわかれば、3つ目の変数の値を求めることができるのです。

　たとえばここにあなたに関する2つのデータ、好きなアイスクリームの味（チョコミント）と住所を含む仮想のデータセットがあったとします。このデータセットには、他の1万人分のデータが含まれていると同時に、選挙の投票記録も含まれているとします。ここで、深層学習アルゴリズムが、あなたの郵便番号の地域に住んでいてチョコミントのアイスクリームを好む人は、地方選挙で保守派の候補者に投票する可能性が非常に高いというパターンを発見したとします。AI はあなたの投票履歴に関するデータがなくても、チョコミント好きのあなたの投票先を特定することができるかもしれません。あなたが意識的に共有しなかったことを AI が推論し、それが政治的な働きかけ、戸別訪問、投票促進活動などにつながる可能性があるのです。あなたがお気に入りのアイスクリームを共有することに同意した後、選挙関連の電話がひっきりなしにか

かってくるかもしれません。

生体認証（biometrics）と振る舞い

　コネクテッド技術[d]は、私たちが世の中やビジネス市場を渡り歩くための不可欠な要素であり、その結果、私たちは日々の活動の産物として膨大な量の個人データを生成しています。デバイスに、自分がどこにどのくらいの速さで行きたいのかを伝えることもありますし、何を、いつ、どこで買いたいかを知らせることもあります。そして、情報を得たり共有したりするメディアを通じて、様々なトピックについて自分の考えを表明します。さらに、こうした道具を操作するために、自分の顔や声を使うことも多くなりました。顔や音声の認識システムは、セキュリティの強化や文字入力なしで機器を操作するために役立っています。

　このようなデータ共有がもたらす結果として、たとえデータが断片的であったり、異なる関係者が保有するデータセットに分散していたりしたとしても、私たちは意図せずして自分自身のデジタルツインを作り始めているということが挙げられます。音声で操作できるバーチャルアシスタントは、インターネット検索やショッピング、音楽などのメディアに簡単にアクセスできるようにしてくれますが、同時にそれはあなたの声がリモートサーバーに転送され、AIが命令を処理することを意味し、場合によっては、あなたの声を録音して、サービス向上のために人が確認することを許可することがデフォルトのパーミッション設定になっていることもあります。例えば「友人の結婚式までに5キロ痩せたい」と考えながらホームアシスタントに「すぐに痩せるダイエット」や「喜ばれる結婚祝い」の本を発注するように頼んだときに、その時の「痩せたい」という気持ちが意図せずネットワークの向こうの誰かに伝わってしまうかもしれないのです。

従来の技術と新しい機能の融合

　AI、データ収集、既存技術の組み合わせは、プライバシーに関する新たな懸

---

d　訳注：コネクテッドカーやコネクテッドホームのようにさまざまな機器をネットワークで接続して利用する技術の総称。

念を生み出します[6]。たとえば防犯カメラ（CCTV）の技術は数十年前から存在し、公共や民間を問わず広く普及しています。ATM や店舗の外、電柱に取り付けられたカメラなどを目にすることは想定の範囲で、それは現在の様子を見守るための手段であり、何らかの有用性がない限り消去（例えば店舗に泥棒が入ったのでない限り消去）されるような記録を生成するものと捉えられています。このような既存の技術インフラと、例えば顔認識（facial recognition）ソフトウェアなどを組み合わせると、プライバシーを脅かす強力なツールとなるのです。

　また、ホームアシスタントの音声データが録音され、事業者のサーバーに保存されていたとしましょう。ユーザーはそのデータを使用することに同意していたとしても、そのデータが法執行機関と共有され、他のツールと組み合わせることで、その人がどこにいて、どんなテクノロジーを使っていて、プライベート空間であるはずの家の中で起きていることを読み解けるとしたらどうでしょうか。

　プライバシーに関するこのような懸念は、もしプライバシーを各人のコントロールに任せるのであれば、ネットワーク化され、高度に接続された私たちのテクノロジー環境ではプライバシーが確保できることはできないという James Moor の結論を例証しています。必然的に、プライバシーを保護する責任は、データを利用して、AI モデルを開発・導入している組織にあるといえます。

匿名化や仮名化の先にあるもの

　プライバシーの保護に配慮したモデルを開発するということは、一定の情報をわかりにくくするようなデータの取り扱いを意味します。もし情報が特定の人物に結びつかないのであれば、その人のプライバシーはおそらく保護されていると言えるでしょう。データプライバシーは新しいものではなく、データを処理して個人情報を見えなくする方法は数十年前にすでに確立されていました。

　その一つが、個人を特定できる情報を仮名に置き換える、仮名化（pseudonymization）です。この場合、例えば Jane Smith という名前は削除されてラン

ダムな数字に置き換えられます。そしてもう一つの方法は匿名化（anonymi-zation）または非特定化（de-identification）です。データの組み合わせによって識別できる人数が k 人未満にならないようにデータセット内の識別属性を減らすか置き換えたデータセットは、k-匿名性をもつ（k-anonymous）といいます。k の値が大きいほど、データ中の特定の個人を識別することがより難しくなります。

　このような手法は、何年か前、小規模で粒度の粗いデータセットを保護していた頃には十分でした。しかし、今やデータセットには、買い物の習慣や移動の経路、メディアの好みなど、一人の人間に関連する何百ものデータポイントが含まれている可能性があります。こうなると、効果的な匿名化・仮名化は困難になります[7]。

　また、学習データの多くはオープンソースやサードパーティから生データで取得されるため、特に困難が伴います。これらは事業者データと結合され、個々の消費者の充実したペルソナを作成します。このことは、AIに多くの影響を及ぼします。モデルが、偏りを持った情報を推論する可能性や、機能によっては導入後に学習セットやその影響を受ける人々について過度に多くのことを暴露してしまう可能性もあります。そのようなデータが流出するとプライバシーの侵害や個々人の損害などのセキュリティ上の懸念をもたらす恐れがあります。

　学習データが不十分であればあるほど、AIの精度が低下するのは自明でしょう。例えばデータの集合のパターンをシェアすることを可能にする差分プライバシー（differential privacy）の手法では、個人のデータを伏せ、さらに個人を特定できないようにするために、データセットにノイズを挿入します。しかしこの操作はAIの精度に破壊的な影響を与える可能性があります[8]。したがって、データサイエンティストは、一方では情報源を保護するためにデータを調整することを求められ、他方では、実際の環境で正確な予測ができるようモデルを学習させることができるようにデータの深さを維持する必要があります。

　データの潜在的なプライバシー侵害を軽減するアプローチの１つが、連合学習（federated learning）と呼ばれるものです。この手法では、データが、隠蔽または除去しなければならない機密情報にあふれている一元的なデータセット

に集められることはありません。代わりに、アルゴリズムの学習は、データが生成されるエッジデバイス上で行われます。データを一箇所に集めないことで、センシティブな情報をより一層隠すことができるのです。

　プライバシーの脅威を最小限に抑えながら最大限のデータ品質（data quality）を確保するという根本的な課題を解決するために、今後も多くのアプローチが登場することは間違いないでしょう。新しい法律や規制の導入が、この動きに拍車をかけています。

プライバシーに関する法律と規制

　今日まで、プライバシーに関する法律や規制は、主に「通知と同意（notice and consent）」の形式に基づいていました。例えば、ウェブサイトを訪問したときにユーザーは自分のデータが集められることを通知するポップアップを見せられるのが一般的です。また、どの種類のデータが集められるかをユーザーがオプトイン[e]またはオプトアウト[f]といった形で選択できる場合もあります。同様の「通知と同意」の方法は、製品やサービスの利用規約にも見られますが、難しい法律用語で書いてあって、一般的な消費者が目を通すことはあまりないかもしれません。

　この「通知と同意」の形式の有用性は、今日、次第に薄れてきています[9]。今後、複数の AI システムが公共の場で運用されるようになったとき、この形式はどれほどプライバシーの扱いに適さなくなることでしょう。自分のデータが保存され使用されることに同意する責任を消費者に負わせることは、デジタル世界において、個人によるデータ管理がますます難しくなっているという現実を無視しているのです。

　新しいアプローチも生まれつつあるものの、行政がイノベーションのスピードに合わせて動けることはめったにありません。しかし、世界には、今後確実に導入されるであろうルールを示唆する注目すべき規制制度がいくつか存在することも確かです。事業者の経営層や法務担当者は、世界各国の政府がどのようなルール作りに向かっているのかを研究しておくとよいでしょう。

---

e　訳注：本人による許可を得る仕組み。
f　訳注：本人が拒否する仕組み。

一般データ保護規則（General Data Protection Regulation: GDPR）

　一般データ保護規則は、欧州連合（European Union: EU）居住者のデータを保護するための広範囲にわたる規則です。この規則は域外管轄権を規定しており、EU 域内の居住者のデータを処理する EU 域外の組織にも適用されます。GDPR の第 3 章は「データ主体の権利」に焦点を当てており、これをデータ保護とは区別して捉えるのが規制当局の考え方です。第 3 章の条文では、データを取得・保存する組織に対して、消費者の次のような要望に応え、忠実に対応することを求めています。

- データがどのように処理されるかを平易な言葉で説明すること。
- 個人データが収集されたことをユーザーに通知すること。
- データがどのように利用されるかについて説明し、要求があれば個人データを提供すること。
- 不正確なデータを修正する機会をユーザーに与えること。
- ユーザーの要求に応じて、ユーザーに関するあらゆる情報を削除すること（「忘れられる権利」）。
- ユーザーがデータの取り扱いを制限する権利、データの第三者への提供を要求する権利、およびデータの使用方法について異議を唱える権利を尊重すること。

　これらのルールと AI システムの学習・活用方法との間で問題となるのが、「忘れられる権利（right to be forgotten）」です。ユーザーが事業者に対してデータの削除を要求した場合、削除するのはそう簡単なことではないのです。データはすでに仮名化または匿名化されているかもしれない上、なによりも、AI システムは一度学習させると、その学習を解除することが困難だからです。データセットから個人データを削除できても、モデルが必ずしも変わるとは限りません。これは未だシンプルな、あるいは実現可能な解決策がない、茨の道のような倫理的問題のひとつの例なのです。

　解決策が講じられる一方で、規制を遵守する必要が既にあり、GDPR 違反に対する金銭的な罰則は多大なものになる可能性があります。ある例では、大手

航空会社がサイバー攻撃により数十万件の顧客データを流出させたとして、2億400万ユーロの罰金が科されました。また別の例では、人気の検索エンジンが、データの同意に関する十分な情報をユーザーに提供しなかったとして、5,000万ユーロの罰金が科されています。

カリフォルニア州消費者プライバシー法（California Consumer Privacy Act: CCPA）とカリフォルニア州プライバシー権法（California Privacy Rights Act: CPRA）

　CCPAは2020年1月に施行されました。この法律は、売上高が2,500万ドル以上の営利団体で、5万人以上の消費者の個人情報を購入、受領、販売、共有し、個人情報の販売による売上が50%以上である場合に適用されます[10]。CCPAは、GDPRと同様に、自らのデータの利用について制御する消費者の権利（consumer rights）に焦点を当てており、以下の内容が含まれます。

- 消費者が有する、どのデータが収集され、どのように使用され、誰と共有されているかについての情報を要求する権利
- 事業者が要請に応じてすべての情報を削除することを求める、忘れられる権利
- 消費者による、データの第三者への売却をオプトアウトする権利を含む、情報へのアクセス制御の権利

　実際にはCCPAによって、適用対象事業者は収集した情報の開示、消費者の要望の尊重、「Do Not Sell My Personal Information」（自分の個人情報の販売拒否）と記載されたリンクなどのオプトアウトの仕組みの提供、および、子供のデータについてはオプトインで同意を得ることが求められています。また、忘れられる権利に関する規則は、データを削除しても、そのデータで学習させたAIツールが必ずしも変化しないという点で、この章で言及してきたものと同様のAIの課題を提起しています。

　2021年1月にCPRAが施行されたことでCCPAが修正・拡張されました。これによって消費者の権利がより強化され、未成年者の個人情報に関わる故意

の違反にはより厳しい罰則が設けられ、また、CPRA を取り締まるカリフォルニア州プライバシー保護局（California Privacy Protection Agency）が設立されました。

その他の主要なプライバシー法

他の国や関係当局が消費者データのプライバシーを保護するための同様の制度を整備するにあたり、GDPR と CPRA の影響を受けることは間違いないでしょう。ブラジルの一般データ保護法[g]は、GDPR をモデルとしており、同じような消費者の権利と域外管轄権を規定しています。またこの法律には、AI による自分についての自動的な判断について、消費者が見直しを要求できる規定も含まれています。

本書執筆時点では、中国の新しい個人情報保護法、カナダの Digital Charter Implementation Act[h]法案、インドの個人情報保護法案など、世界中で規制や法案が策定、討議または施行されています。事業者としてのこれからの課題は、既存の法律に対応すると同時に、事業を展開する地域における新たな法律や規制の整備状況を注視することです。

AI のプライバシーチェックリスト

- 自組織が、どのような顧客データを、なぜ収集しているのかを知っていますか？
- 収集しているデータの使用目的は何ですか？
- この目的を顧客に周知していますか？
- データは、その目的以外の方法で使用されていますか？
- 自組織が取得したデータをどのように、そしてどの範囲で使用することが許されているかは明確ですか？
- 自組織では、許可や承認が必要な場合を含めて、データの使用に関する適切な手続きを用意していますか？

---

g 訳注：Lei Geral de Proteção de Dados（LGPD）。
h 訳注：「デジタル憲章実施法」。本書翻訳時点で公式の和名が定義されていない。

> ・自組織の顧客は、データの共有についてオプトインまたはオプトアウトする権限を含めて、必要な（または必要でない場合は適切な）レベルの制御ができますか？
> ・自組織の顧客がデータプライバシーについて懸念がある場合、その懸念を訴える手段を持っていますか？
> ・自組織は、データプライバシーに関する規則や規制の遵守状況をどのように把握し、評価し、監視していますか？

データおよび AI プライバシーにおける先進的な取り組み

　法律や規制の有無にかかわらず、多くの事業者は消費者データの保護や、導入する AI システムが個人のプライバシーに与える影響についてきちんと考えることに関心を持っています。そこには倫理的な義務だけでなく、ビジネス上の動機もあります。消費者は、企業による自分のデータの扱い方を信頼できなければ、その企業を信頼することはないのです。この点で、信頼できる AI（trustworthy AI）は、企業に対する消費者の信頼を支えるものといえます。

　このため、プライバシーの尊重と保護のための実践と仕組みを発展させる上で有意義な先進的取り組みが数多くあります。

データセットの補完

　GANs（generative adversarial networks、敵対的生成ネットワーク）やオートエンコーダ（autoencoder）のような AI モデルでは、合成データ（synthetic data）、つまり実データに基づいてモデル化された人工的なデータを作成することができます。合成データは実データと同じ構造と性質を持ちながら、実在の情報や固有の情報を一切含みません。これによってプライバシーを保護できるだけでなく、より安価にデータを収集できる可能性があることから、将来的には実データよりもはるかに多くなるかもしれません[11]。

インフォームドコンセント（informed consent）の取得

　規制により、消費者にはデータ収集のオプトインまたはオプトアウトの手段

を用意することが義務づけられており、消費者がその判断をするために、どのようなデータが収集され、それがどのように使用されるかについて明確に示す必要があります。企業は、個々人が同意の判断をするにあたり説明をよく受け十分な情報を確実に得られるよう、現実的な方法を定める必要があります。例えば、そのためには、AI システムにおいてデータがどのように適切に使用されるかを明示することなどが考えられます。そして同時に、企業はサードパーティから購入したり、オープンソースの場で見つけたりしたデータセットについて、そのデータが収集される過程のいずれかの時点で、必要な同意が得られている点について確認しなければなりません。

プライバシーに関する方針の決定

　収集する情報、情報の使用期間、情報の保管方法、情報の使用方法、不要になった場合や消費者が「忘れられる権利」を行使した場合の情報の廃棄方法など、プライバシーに関する方針を決めておくことが望ましいです。

ステークホルダの巻き込み

　今後制定される法律を鑑み、企業は、データの収集、ポリシーの策定、製品・サービスの開発、機密情報の保護、消費者からの問い合わせへの対応などにおいて、顧問弁護士やプライバシー専門の弁護士に相談することが望ましいでしょう。また、弁護士は、法律だけでなく、データ、AI、および関連技術がどのように機能するかを理解しておくことが求められます。

AI の信頼とプライバシーの結びつき

　CDO の Marguerite は、問題が生じた国の関係者との議論、計画、調整を重ねた結果、その国のデータプライバシーに関する厳しい規則に対して、納得のいく回避策をいくつか確立し、完璧とまではいきませんが、生産的な方向への一歩を踏み出すことができました。リアルタイムではないものの、ローカルにあるサーバーのデータについては収集と共有ができるようになり、データがまったくないよりは状況が良くなったといえるでしょう。このようにして、Marguerite たちは、AI 利活用における困難な課題を克服し、社内のデータに

関するニーズと、現実世界の人々や政府が共有しても良いと考える許容範囲を調和させたのです。

　プライバシーという概念は、常に変化し続けるものです。標準化や法律がテクノロジーの進化に追いつく頃には、イノベーションによってすでに時代に遅れをとっています。プライバシーは一人一人に影響を与えるものです。ほとんどの人が自分の生活の中で秘密にしておきたい側面を持っています。そして、データがどのように共有され使用されるかをある程度自分で決めたいと考えており、決められない場合は、企業が責任を持ってデータを自分の役に立つように使用する、という確信が欲しいのです。

　しかし、既に述べたように、データの管理は難しく、また、データは世界中を目まぐるしく駆け巡っています。多くの消費者は AI の仕組みを理解するための十分な知識を持っていませんし、ましてや自分のデータがどのように活用されるかを管理する主導的な役割を果たすことなどできません。このため事業者には、顧客やパートナーのために、プライバシーを保護する最善の方法を考え抜く責任があるのです。AI を最大限に活用するには、信頼が不可欠であり、そのためにプライバシーに焦点を当てる必要があるのです。

Trustworthy AI

人々が一般的に計算に何を求めているのか
考えると、それは常にひとつの数字であると
いうことがわかった。

Al-Khwarizmi（フワーリズミー）[a]

第9章　アカウンタビリティ

　最高調達責任者（Chief Procurement Officer: CPO）である Akmal（アクマル）は、自身は他社の CPO よりも先進的であると考えており、その証拠に予測 AI ツールを一式持っていました。

　このツールの導入にあたり、Akmal は最高財務責任者（Chief Financial Officer: CFO）に対して「調達には、制約条件をうまく管理したり利幅を増やしたりすることよりも重要なことがある」ということと「サプライヤーの下請け構造をきちんと把握する必要があるし、もっと柔軟に動けるようにならなければいけない」ということを主張しました。

　CFO は当初、そもそもなぜ CPO が AI 導入などということを考えているのかという気持ちがあり、それほど乗り気ではありませんでした。しかし説得の結果、CFO はこの投資に同意し、最高技術責任者（Chief Technology Officer: CTO）も、BAM 社の調達に対して AI を導入する取り組みに参画することになりました。

　数ヵ月後のある日、Akmal は自分のデスクに座り、PC の電源を入れました。PC のデスクトップには回付が必要な承認待ちのドキュメントはもちろんのこと、計算用のスプレッドシートすらもありません。その代わりに Akmal は調達ソフトを立ち上げました。このソフトは、部品表を取り込み、自動的にネットワーク上で在庫とコストを調べ、誰から何を購入し、どこに配送すべきかを提言するものです。これが、AI を原動力とした調達部門の朝の日課でした。

　その時、電話が鳴りました。電話を取ると CFO の不満そうな声が聞こえました。

　「Akmal さん、今 Anderson プロジェクトの原材料の請求書を見ているので

すが、新しい AI ツールを導入する前に比べて、1 トン当たりの価格が 15% 近くも高くなっていますね。」

「そんなはずはありません」と Akmal は言いました。「確かに効率と納期で調達を最適化しましたが、それでそんなに増えるはずはありません。」

「誰の責任ですかね」

「わかりません。マージンがこんなに減るなんて…」

「早く修正してください。でないとあなたがマージンに入ることになりますよ[b]」

Akmal の朝は思いがけず、好ましくない展開になりました。彼は、落ち込みながらも、このミスの責任は誰にあるのか、そして、誰がそれを是正できるのかを考え始めました。

アカウンタビリティ（accountability）[c] は、あらゆる場面で問われる、人間の倫理観の直観的な側面です。アカウンタビリティは法による秩序を支えるものであり、何かあったときの補償を決めるときの基本的な考え方でもあります。人と人との社会的信頼関係の構成要素であり、また、事業者や行政の業務活動においても必要な要素です。人や組織が自らの行動に対して説明をする責任を負うからこそ、私たちはあらゆる場面で他者がどのように行動し、それが自分たちにどのような影響を及ぼすかを事前に想定しておこうとすると言えるでしょう。

もしも AI モデルが個人や組織に悪影響を与えるような判断をした場合、どうなるでしょうか？　そのような場合、誰がその責任を負うのでしょうか？　モデルそのものは、いかなる結果にも対処することはできません。なぜならモデルには魂がなく、謝罪することができないからです。つまり説明責任とは、人間固有の倫理的優先事項なのです。そしてそれは私たちが用いるツールやそれを取り巻くシステムに組み込むべきものなのです。

こうした課題や解決方法を明らかにするための最初の一歩は、この重要な倫理的概念をより明確に定義することです。

---

b　訳注：「I'll put you in margin」：CFO の皮肉で、「窮地に追い込みますよ」という意味での表現。
c　訳注：「アカウンタビリティ」は「説明責任」と表現されることもある。

アカウンタビリティは何に対して、誰に対して生じるものか？

　アカウンタビリティは、人や組織、システムに対する信頼を確保するために不可欠な要素であり、その重要性から、分野を問わず多くの研究や議論がなされてきました。中でも代表的なものは司法制度ですが、他にも財務管理といった経営的なアカウンタビリティや、いかに有権者に対して誠実に活動するかという政治的アカウンタビリティもあります。アカウンタビリティには数多くの種類があり、究極的には AI はそのすべてに関わるものなのです[2]。

　この概念を紐解くために、アカウンタビリティとは AI システムがその判断を説明できることであり、その判断は「使用した意思決定メカニズムによって導き出すことができ、説明できるもの」[3] としている、AI 倫理学者の Virginia Dignum（バージニア・ディグナム）の見解を取り上げてみましょう。Dignum は、アカウンタビリティとは個別の AI ツールの固有の特性ではなく、説明責任を持つ大きな社会技術システム（sociotechnical system）の構成要素であり、道徳的価値観とガバナンスの枠組みに基づくものとしています。

　また他の研究者は、アカウンタビリティとは、自らの判断や行動に対して何らかの「説明ができること」を認識することで生まれるものだと考えています[4]。この見解によれば、アカウンタビリティは、アルゴリズム的アカウンタビリティ（algorithmic accountability）とも呼ばれる個人またはグループの責任能力の特定といった AI システムの一つの特性として、また、社会技術システムの特性として捉えることもできます。

　本書では、アカウンタビリティとは、AI システムがその判断を説明できるだけでなく、システムを開発し使用するステークホルダも、AI システムの判断および自らの判断を説明でき、その判断に対して説明責任があることを理解できることと定義します。これが、AI の判断における人間の有責性に求められる根幹です。

　AI が行う判断は異なる社会的、技術的システムの文脈で行われるため、AI の利活用には、多岐に渡る法律、規制、社会的期待に律せられる様々なステークホルダが存在します。このため、AI の成果に対して何らかのアカウンタビ

リティを持つ個人や団体が数多く存在する可能性があり、非常に複雑な状況を
生み出しています。

　さて、CPO の Akmal のケースでは、AI によるミスの責任の所在を特定する
という唐突な難題によって、「誰がこの件について責任を負うのか？」という差
し迫った疑問が呼び起こされました。それはシステムを構築したベンダーでし
ょうか。それとも BAM 社の要件に合わせてシステムをチューニングしたデー
タサイエンティストでしょうか。または、間違った機能に対して最適化した
Akmal の調達チームの責任でしょうか。はたまた投資を承認した CFO の責任
でしょうか。そもそもこの場合、誰が最も責任を負うべきかを決めるべきなの
でしょうか、それとも責任を負うべき全員を特定するべきなのでしょうか。

　この因果関係を考え始めると深みにはまってしまい、アカウンタビリティを
きちんと整理することには向いていません。さらに、AI ツールの複雑性が増
すことでその判断がもたらす影響が大きくなり、何十、何百もの他のシステム
と一緒に大規模に展開されるようになればなるほど、この問題は大きなものに
なります。

　こうした問題の一因は、金融や物流などの他の大規模システムが何十年にも
わたって研究、調査、規制、議論されてきたのに対して、AI はまだ同様の包括
的な検討がされていないことにあります。AI の技術革新のスピードは非常に
速く、倫理的に重大な問題をもたらす強力なツールがアカウンタビリティに関
するルールや期待が発達する前に生み出されてしまったのです。AI が置かれ
ている社会技術システムは、まだ形成段階にあります。アカウンタビリティを
重んじる社会技術システムの文脈での業界の先行事例、ガバナンスの枠組み、
法律や規制、利用規約の明文化などはまだ定まっていません。

　その結果、誰が何について、誰に対してアカウンタビリティを持つのか、と
いった共通認識が曖昧なのです。AI を導入する企業は、自社の方針やステー
クホルダとの関係に基づき、アカウンタビリティの意味を定義することを余儀
なくされています。そして、好むと好まざるとにかかわらず、こういったこと

が学術的に議論され、法律で明文化されるまで待つわけにはいかない状況に置かれています。

イノベーションとアカウンタビリティの両立

　AI ツールの開発やその使用には多くの人々が関わっており、思いがけない事態が発生した場合、その責任をきちんと分担することは難しいものです。例えば、企業における AI の責任は、データサイエンスチーム、ビジネスユニットのリーダー、現場の営業担当者など様々な立場の人が担うことになるでしょう。このような責任の所在の特定は、特に時間とともに変化する AI モデルや、新しいアルゴリズムを生み出すようなモデルが展開された場合により大きな問題となるでしょう。

　どのような課題があるにせよ、全従業員に実質的なアカウンタビリティの意識を浸透させるためには、その担当者を決めることが重要と言えます。例えば、AI のアカウンタビリティに係る活動を促進するアドバイザリボードを置いて、全社の活動を監督し、必要なプロセスや AI 適用による好ましくない結果に対する明確な罰則を定義するといったことが考えられます。それによって個々人の認識が広がり、また、地位を問わず、企業の従業員全員が、AI のライフサイクルにおける自らの責任を理解し、それを受け入れることで、信頼できる AI の実現を目指す人々の連鎖が生まれるでしょう。最終的には、どのような結果が得られるにせよ、責任を負わなければならないのは AI システムではなく人間です。

　一方で、より強力なソリューションにつながる大胆なイノベーションと、個人の責任の間にはある種の対立関係が存在するとも言えます。例えば、データサイエンティストや AI エンジニアなどが、予測不能な結果による職務への影響を過度に懸念すれば、取り組みの範囲を限定してしまうかもしれません。しかし、イノベーションとアカウンタビリティは、どちらか一方だけが優先されるようなものではありません。強力で画期的な AI を追求する過程で、同時にアカウンタビリティについて検討を進めるべきなのです。

　したがって、企業としては、不測の事態に誰が責任をとるのかではなく、誰が事態に対して適切に対処するのかに重きを置くことが最善策と言えるでしょう。個々の関係者についてアカウンタビリティの対象を明確化しておくことで、企業は AI の結果に対処する準備をしておくことができ、問題発生時に適切に是正措置を講じる真のアカウンタビリティを確保することができるのです。

　AI に関わる人々が、人間によるアカウンタビリティが認識されていることを確信できれば、AI ツールやより広範な AI エコシステムへの信頼が生まれます。長期的には、AI のアカウンタビリティがきちんと確立されて組織全体に組み込まれると、AI 全般に対する信頼が促進されます。今、アカウンタビリティの基準や考え方を確立できれば、今後、AI の可能性を最大限に引き出す上で、本質的かつ重要なインパクトをもたらすでしょう。

法律と訴訟および賠償責任

　自動運転車（self-driving car）が普及するにつれて死亡事故が発生する可能性が高くなり、刑罰とまではいかないまでも、その賠償が問われるようになることは避けられないでしょう。人間の運転手が過失で歩行者をはね、死亡させた場合、民事訴訟や刑事責任を問われる可能性があります。では、自動運転車の場合はどうでしょうか。実際、これまでにも自動運転車による死亡事故が民事訴訟に発展した例があります。

　本章では、何かが起きたときの原因に対するアカウンタビリティ、すなわち、説明責任がある人と、その人の意思決定および行動、そしてそれが具体的どのような結果につながるかを考察してきました。原因に対するアカウンタビリティに関連はしているものの、明確に区別して考えるべきことに法的な説明責任があります。規制や法の整備が間に合わないペースで AI の発展が進んではいるものの、すでに AI による被害に対して適用される法律は存在します。

　最もわかりやすい例では、法律的に AI は人工物と解釈され[5]、人的・物的被害が発生した場合、製造物責任法に基づき、損害賠償が求められます[6]。他にも、民事上の過ちをカバーする不法行為法の下では、企業は過失、製造上の欠陥、警告の不履行などの理由で訴えられる可能性があるでしょう。また、契約

法においては、AI ツールの販売によって明示的または暗黙の保証を行ったとみなされ、安全性の推定に該当する被害に対して責任を問われることも考えられます。

　ここで、これらの法的対応が、刑事罰ではなく損害賠償が主眼になっている点に着目してみましょう。果たしてこれで、法の下での説明責任を求める世間の声に十分応えることができるのでしょうか。例えば、悪質な企業が、法的な賠償をビジネス上のコストに過ぎないと考えることもあり得ます。

　企業や消費者が抱く AI への信頼感を高めるという観点では、金銭的な補償では人間の過ちに対する償いや報い、懲罰といったものへの欲求は満たされないと考えることもできます。そしてそれは、法律家の John Danaher（ジョン・ダナハー）が「報復ギャップ（retribution gap）」と呼ぶものにつながります。人間が過ちを犯したとき、多くの人たちは直観的な道徳的価値観に基づき、その人が何らかの罰を受けるべきであると考えるでしょう。例えば、無謀な運転で死亡事故を起こした場合、世界中のほとんどの法制度では、刑事責任を問われることになります。しかし、AI 自体はいかなる罰を受けることもできません。そして、何らかの形で罰を受けるべき人間が誰もいない場合、AI による過ちに対して実質的な処罰を求める人々の欲求と、遅かれ早かれ向き合う必要が出てきます。企業が和解金を支払い、データサイエンティストを解雇すれば、それで十分でしょうか。

　重要なのは、事業者としてやるべきことが、責任を負うべき人を特定することではなく、AI を取り巻く社会的・技術的な仕組みの中で、法的責任が重要な構成要素である、ということを正しく認識することです。場合によっては、金銭的な賠償では、正義を求める期待に応えられないかもしれません。したがって、AI 戦略、開発、活用を進める中で、すべての関係者は、AI がもたらす好ましくない結果の法的影響をきちんと理解し、各自のアカウンタビリティを果たそうとする意識を高めることが大切です。

AI のアカウンタビリティチェックリスト

- 組織の従業員や顧客は、自分たちがどのような場面で AI を使っているかを認識していて、かつ、組織の AI ポリシーを理解していますか？（または AI ポリシーにアクセスできますか？）
- AI とそのアウトプットに対して、誰が最終的なアカウンタビリティを持つのかが明確になっていますか？　AI の監視は誰が、どのくらいの頻度で行っていますか？　AI が規約や法令に抵触した場合、誰が審理に応じ、会社を弁護しますか？
- AI が想定外の動作をして問題が発生した場合、問題の事象についてどのように情報を連携しますか？　このような場合に遵守すべき手順が確立されていますか？
- AI が危害や損害を引き起こしたり、規約や法令に違反したりした場合、アカウンタビリティを持つ人への影響はどのようなものでしょうか？
- ガバナンスを担う人が、AI システムの導入に伴う特有かつ変動的なリスクを十分に把握できる管理報告プロセスを確立していますか？
- 業務上重大な影響を及ぼす複雑な AI システムについて、タイムリーに不具合に対処するためのプランを策定してありますか？　不具合の修復のための監視プロセスはどのようなものですか？

AI アカウンタビリティにおける先進的な取り組み

　さて、CPO の Akmal の話に戻りましょう。彼は、AI の不具合について誰が責任を負うべきかを探った結果、驚くべき事実にたどり着きました。まず、システムを最適化したデータサイエンティストたちは、効率性と適時性を優先するように要求されていたため、コスト面での最適化はしていなかったことを、すぐに認めました。また、調達チームはシステムに関する経験が乏しかったため、材料費が上昇し始めたときにその問題になかなか気づくことができませんでした。そして、ようやく気づいてもその問題の意味がよくわからず、結局 CFO が気づくまで問題が放置されたままになったのです。

　BAM 社の場合、システムと業務プロセス、および従業員の教育が、アカウンタビリティを持つ関係者によって問題の発生を察知して是正できるような形で連携されてはいませんでした。AI ツールを導入したものの、人とプロセスの連携が十分ではなかったということです。

　AI の利活用は、企業全体で取り組むべきものです。そして、すべての AI ツールが同様のアカウンタビリティに係る配慮を要するわけではありません。使用目的や及ぼしうる影響、その他様々な要因が、構想からモデルの廃棄までの AI ライフサイクルにどのようにアカウンタビリティを組み込んでいくかを決定づけます。そこで、AI アカウンタビリティを実現するために、人、プロセス、テクノロジーという身近な切り口から、次のような先進的取り組みを見ていきましょう。

人

　アカウンタビリティは、すべての AI 関係者に適用されます。そのため、AI の機能や、そのもたらす価値、倫理的な問題などについて検討する上で、経営陣や組織の各部門において様々な見解や優先順位が存在します。そこで必要となるのが、法務、ガバナンス、リスク、コンプライアンス、および分析に携わる人を含む、マルチステークホルダ[d]の検討グループです。このグループのメンバーは、AI モデルの運用に関するあらゆるデータにアクセスできる必要があります。

　組織は、すべてのステークホルダに自分の果たすべき役割と、その意思決定が及ぼす影響について理解させなければなりません。各々が自らの選択に責任を持つためには、その責任の範囲を理解する必要があるからです。

　また組織は、管理と、イノベーションや実験的試みについての自由度のバランスをとる必要があります。なぜなら必要以上の強制力は、イノベーションの妨げになる可能性があるからです。とは言うものの、十分なアカウンタビリティを担保するためには、アカウンタビリティに対する期待に応えるための強制力と、不適切な判断に対する責任の特定が不可欠です。

---

d　訳注：マルチステークホルダのグループやプロセスとは、多様なステークホルダが協力し、共通の問題や目標に対する解決策の対話を通じて合意形成、意思決定などを図ることを意味する。

　組織の人々は、AI に関わる自分の判断に責任があることを認識するだけでなく、その期待に応える方法も理解しなければなりません。そのためには、組織全体の教育が必要です。AI に関わる人たちは AI 倫理を業務の流れの一部として考え、懸念点や見解を社内のしかるべき意思決定者に報告するよう、動機づけされるべきです。こうした目的を実現するためのアプローチとしては、例えば、多くの組織がすでに実施している組織の誠実性に関する研修を拡張して AI 倫理の研修を組み込むことが考えられるでしょう。

プロセス

　AI モデルのトレーニングや現実世界での運用に必要な膨大なデータを踏まえれば、データの保護と、その使用方法および保管期間についての明文化は、アカウンタビリティの要素の一つと言えます。組織は、収集される情報の種類、個人を特定できる情報を必要に応じて判別不能、または削除する手順、AI ライフサイクルの様々な段階におけるデータ保護と倫理的使用に関する説明責任者などについて方針を策定する必要があります。

　組織では、AI 利用を適切に管理するために、明確な運営体制と指揮命令系統が必要です。そして懸念事項を報告したり、問題を指摘したりできる権限を従業員に持たせることで、全員が AI ツールを本来の意図通りに、また、好ましくない結果を招くことなく運用できるよう主体的に取り組めるようになります。

　問題の認識は、アカウンタビリティの中核をなすものです。したがって、企業は、AI モデルの欠陥や欠陥の兆候を伝達し評価する仕組みを確立する必要があります。これには、社内外の苦情に対応する手段が含まれるべきでしょう。

テクノロジー

　AI モデルとそれを取り巻く IT インフラの設計には、アカウンタビリティが組み込まれている必要があります。具体的には、AI の運用に関する様々なソースからのデータ収集と統合の過程、および出力結果の算出方法やその信頼度についての説明ができることが挙げられます。

　また、自社が利用している AI ツールが他社製品の場合は、そのモデルやツ

ールがアカウンタビリティに配慮して開発されていることを確認しましょう。

　そして、今後新たに導入される法令によっては、法的責任が、技術の開発元である人々や組織ではなく、技術を運用する組織に課される可能性があることに留意してください。AI ツールを導入した企業は、そのツールを自社で開発した場合と同等の法的責任を負う可能性があるのです。

信頼できる AI のためのアカウンタビリティ

　アカウンタビリティは、他の信頼できる AI の概念の基礎となるものです。もしもモデルがバイアスを含んだ結果を出力した場合、誰かがそれを改善する責任を負うべきでしょう。AI ツールのセキュリティが不十分で機密データが流出した場合、その責任は人間にあります。AI が信頼できない状態になった場合、その結果に対して責任を負う人がいるのです。

　現時点での課題として、まず、AI ツールを開発または導入する組織では、AI のライフサイクル全体にアカウンタビリティを組み込んだプロセスや社内ルールを確立する必要があることは言うまでもありません。そして同時に、立法機関、規制当局、その他の当局は、法令や規制を通じて AI のアカウンタビリティを担保することを一層追求するようになるでしょう。その結果、アカウンタビリティを備えた AI を必要とし促進するような社会技術システムが、新たな技術に関わる新たな共通理解として形成されるでしょう。

Trustworthy AI

いかなるコンピューターも、理にかなった
新規の問いを問うことはありません。それは
教育を受けた人間でなければできないことで
す。

Grace Hopper（グレース・ホッパー）[a]

---

a　訳注：米国のコンピュータ科学者で数学者。プログラミング言語 COBOL の開発者。

第 10 章　責任

　Elsa が BAM 社の有能な最高執行責任者（Chief Operating Officer：COO）であった理由の一つは、彼女が常に物事の全体像を見ていたからでした。社内の各部門が、目標達成や企業戦略との整合性に注力する一方で、Elsa はこれまでの歩み、将来計画、ステークホルダ、顧客、従業員にどのような影響を及ぼすかという文脈で BAM 社をとらえていました。彼女にとって、倫理活動と健全なビジネスを踏まえて、どうやってバランスをとりながら企業を成長させるかという問題は、永遠の課題でした。

　彼女は、本社を歩き回り、解決すべき問題を探しながら、全員がランチに出かけているデータサイエンスラボを訪れました。Elsa は赤と緑のマーカーで書き込まれたホワイトボードを見渡しました。それは、社内で迅速に開発し大きな ROI を実現することができる AI システムのアイデアのリストでした。そのリストには、ベンダとのコミュニケーションを取るためのチャットボット、様々なレポートを自動作成するシステム、店内が安全かどうかをモニタリングするための店舗監視システムなどが提案されていました。

　しかし、リストの下の方には Elsa が不安を感じるようなアイデアも記載されていました。「インターネットのスクレイピング（検索エンジン、ソーシャルメディアなど）によって、顧客のパーソナリティを評価」

　「これは一体何だろうか。」BAM 社は誠実なパートナーであることに定評があります。「パーソナリティ評価」や「インターネットのスクレイピング」が何を意味するのかわかりませんが、Elsa はそれが会社の価値観にそぐわないアイデアであることだけは間違いないと思いました。疑問と不安を抱えながら、彼女はデータサイエンティストチームを探し始めました。

　AIの領域が学術の世界を超えて日常のビジネスに拡大されるにつれて、例えば腫瘍のスクリーニングのような、強力なインパクトを与える革新的な技術も生まれてきました。AI（特に深層学習）の大きな可能性が明らかになるにつれて、官民を問わず、長期的な影響に十分な注意が払われないまま、新しいツールを手に入れて実用化することに躍起になっているのが現状です。このようにユースケースとして良いものも悪いものも渾然一体となって普及していることが、今日のAI倫理に注目すべきであるとの声が高まる要因になっています。

　AI開発には責任のある利活用という問題がつきまといます。開発に向けた構想策定時と実用展開時、およびその過程におけるチェックポイントで、組織は基本的な質問に答えることが求められます。それは「このシステムを実用展開するのは責任ある判断と言えるか」というものです。このことに注目すればするほど、信頼と企業価値を侵害するようなシステムを排除し、AIに関わるより良い取り組みを展開することができるようになります。

　世界規模で、産業やビジネスモデル、法律や規制、習慣、期待感が大きく広がっており、「責任あるAIの導入とは何か」について書かれた詳細な一覧を作成することは不可能です。各企業は、導入したシステムが誰かに危害を与える可能性がなく、企業の倫理原則に反しないように使用されているかを自ら判断する必要があります。

　もちろん、ビジネスにおける責任ある意思決定というものは新しい概念ではありません。企業の責任をどのように理解するかを掘り下げることで、AIにとって責任が何を意味するかを探るきっかけとなります。

AI時代における企業の責任

　理想的な世界では、企業はデータサイエンティスト版の「ヒポクラテスの誓い（Hippocratic Oath）」における「傷つけないこと」を実践して、それがいわば唯一の目標となるでしょう。この目標については、「傷つける」というものが曖昧な概念であることからあまりに広い範囲に渡る一方で、株主への価値や利益の最大化などの企業における他の優先事項が含まれていません。すなわち、一方が存在しなければ他方も存在しないのです。もしAIアプリケーションが何らかの損害を及ぼすならば、企業価値が低下する可能性があります。もし利

益のみを優先するのであれば、責任ある AI は軽視されることになるでしょう。

　企業の社会的責任（Corporate Social Responsibility：CSR）の一般的な概念から得られる教訓がいくつか存在します。1953 年に Howard Bowen（ハワード・ボーエン）は企業倫理と、公共、社会、そして組織が活動する国に対する企業の責任という概念を、いち早く提唱しました[2]。のちに社会契約（social contract）という考え方と共に、経済開発委員会（Committee for Economic Development）にも発展的に取り上げられるようになりました。委員会は 1971 年に次のように記しています。「主要な組織の抜本的な改革の担い手と、それに関心を寄せる一般市民との相互作用によって、ビジネスに対する社会の期待に大きな変化が生じている[3]。」今日の AI の領域においても、同じ相互関係が発生していると考えることが妥当です。

　ビジネスは、商品やサービス、雇用、経済成長、そして税収といった健全な社会において必要なすべてのものを提供します。ビジネスは新しいことを可能にするイノベーションによって歴史の流れを変えることができます。そして、収益は株主の利益につながり、健全な投資を行うエコシステムや国家の経済にとって重要なものとなります。しかし、これだけでは十分ではありません。多くの調査や研究[4]では、社会的な価値（環境への負荷の抑制、多様性、公平性、包括性の促進、人権を尊重したサプライチェーンによる調達など）に対する企業の取り組みが、ミレニアム世代の購買行動に影響していることが示されています。

　AI および AI 倫理に関わる社会の認識と理解が広がれば、CSR の概念としては必然的に企業によって用いられるツールが社会のウェルビーイングを支えるものかという観点を含むようになるでしょう。この中で、AI が CSR の共通的な優先事項へ与える影響が、社会契約と責任ある AI を結びつけることに繋がります。

　例えば、AI モデルの学習に必要な電力消費によって排出される二酸化炭素を考えてみましょう。たった 1 つの大規模な AI モデルが、284,000 kg を超え

る二酸化炭素を排出する可能性があります。これは、一般乗用車 5 台分の生涯
排出量とほぼ同じです[5]。今日、AI モデルの学習に必要とされるエネルギーの
傾向は指数関数的に増加しています。ある研究では、大規模な AI モデルの学
習に必要となる計算能力は、2012 年以降 3〜4 ヶ月ごとに倍増していると言わ
れています[6]。

　この膨大なエネルギー消費は、これまで一般消費者にはあまり意識されるこ
とがありませんでした。しかし、地球環境に関わる関心が地政学やビジネスに
おける意思決定に強い影響を持つ現代において、AI によるエネルギー消費は
CSR 原則においてより重要な論点になると考えられます。つまり、これは AI
システムが単に研究室で開発された斬新なツールに留まらないということで
す。企業、社会、消費者などのステークホルダに対して、より大きな影響を与
える可能性があります。

　多様性、公平性、包括性といった論点についても同様に考えることができま
す。データサイエンスチームが偏ったデータセットで AI モデルを学習させる
ことは責任ある行動といえるでしょうか。もしそうでないならば、企業は偏っ
たデータを均質化したり、多様性を持つデータサイエンスチームを組成したり
するために何らかの手段を講じているでしょうか。

　結局のところ、テクノロジーは本質的に良いものでも悪いものでもありませ
ん。重要なのは、それがどのように使われ、企業や株主に限らず、社会に対し
てどのような価値をもたらすかです。

責任ある AI の利用に向けた動機づけ

　AI の影響力は日々高まっており、今後もその傾向は顕著になっていくでしょ
う。また、より強力な影響力を持つ AI システムが、今後も続々と多く研究
室から社会に放たれていくでしょう。そのような中で、責任ある AI の開発は
企業のデータサイエンスチームのみに委ねられてはいけません。データサイエ
ンティストに対して、イノベーター、技術者、倫理の専門家のすべての役割を
期待することは、AI の成果を損なうことにつながります。データサイエンティ
ストは与えられたタスクをこなすことに従事し、システムを展開する際の最
終的な意思決定はより上位の人間が行うべきなのです。

　ここで、ソーシャルメディアについて考えてみましょう。ソーシャルメディアのプラットフォーム上で動作するアルゴリズムは様々な機能に向けて最適化されていますが、主要な目的はユーザーをできるだけ長く引き留めることです。ユーザーがプラットフォームを利用する時間が長ければ長いほど、より多くの広告を表示でき、より多くのデータを収集することができます。「ページの滞在時間」の最適化については倫理的には何も問題ありません。広告やデータを販売するビジネスモデルならば、そのアルゴリズムは企業が求める目的を果たしているからです。

　しかしながら、世界中で明らかになりつつあるように、ページの滞在時間だけを考慮して設計されたアルゴリズムは予想外の大きな結果をもたらすことがあります。現実に起こった実例や各種リサーチ[7]から、ユーザーが最も興味を持つと思われるコンテンツを発信することによって、極端な意見が拡散され、異なるニュアンスの議論が抑制され、ある閉じたコミュニティの中で誤った情報や誤解が生みだされるエコーチェンバー効果に繋がることがわかっています。さらに、ネット上でのいじめ、ネットストーキング、不適切なコンテンツへの接触につながる可能性もあります。

　データサイエンティストはこのような結果を予見するべきでしょうか。それとも、経営者やビジネスの専門家が積極的に介入して意見を述べるべきなのでしょうか。もしあるビジネスモデルにおいて、ページの滞在時間が本当に何よりも重要であるとするならば、おそらくそのビジネスモデルそのものや企業自体に問題がと考えられます。ソーシャルメディア業界の規制に係る立法活動が高まる中で、このような疑問に対するガイドラインはまだ作成されていません。

　このことはソーシャルメディアだけの問題ではありません。企業スキャンダル、議会による審議、気まぐれな国民感情、および AI の開発者や学者による批判を受け、今日大手のテクノロジー企業は責任ある AI の利用とは何かを明確にするための対応を進めています。データサイエンティストの Tom Slee（トム・スリー）が書いているように、少なくともこれらの企業は「**代償の大きい**

反発を避けようとするのであれば（筆者による強調）、これらの強力なテクノロジーの責任ある管理者としての評判を確立しなければならないこと』[8]を認識しています。

プラットフォーム企業やソーシャルメディアビジネスといった、テック業界以外の多くの企業がこれまで AI を導入してきた中で、既にネガティブな結果も生まれています。果たして事後的な配慮や是正措置は倫理的な要件を満たすのに十分でしょうか。

時間が経過してしまうと、対応すべき問題が増えると考えられます。今後も新たな法規制が検討され、企業は責任ある AI の利用に係る基準を遵守するように迫られるでしょう。一方で、一般市民においては AI の潜在的なリスクに係る認識が深まり、消費者による企業への信頼は、ますますその企業が使用する AI への信頼によって形づくられることになると考えられます。

同様に、ビジネス上のポリシーや基準がより広く開発され、それを遵守することが市場での競争力になる可能性があります。結局のところ、責任に関する問題を無視する会社と、そうでない会社とでは、どちらと取り引きしたいでしょうか。

このような必要性に応える際に限らず、全体的に言える教訓は、非常に優秀な人々によって生み出された画期的な AI であったとしても、技術的に優れていることがすなわち倫理的に優れているわけではなく、良いことも悪いことも含め、あらゆる結果を考え抜けるわけではないということです。今後、すべての企業は AI の「荒野の時代」から「この AI を使うことは責任ある行動か」という本質的な問いを中心に、より構造化されたプロセスや意思決定のシステムへと時代が進化するという現実に向き合わなければなりません。

Good、Better、Best のバランス

COO の Elsa は、昼食から戻ってきたデータサイエンスチームを見つけ、ラボに呼びました。

「インターネットのスクレイピングから顧客のパーソナリティを評価するという考えについて説明してもらえますか。」彼女はそう言ってホワイトボード

を指差しました。

　一人の若手のデータサイエンティストが熱心に説明します。

　「我々はこれを構築すべきです。自然言語処理と感情分析を組み合わせた素晴らしいアイデアであり、クライアントの従業員の名前を入力すれば、ソーシャルメディアや地域情報からその人に関わるデータを抽出するというものです。さらに、その対象に、その従業員たちの連絡先まで含めるのです。そうしたらシステムが、我々の営業に役立つ重要な示唆を与えてくれます。」

　Elsa は首を横に振って話します。「どんな示唆ですか。」

　「そうですね。もしお客様の友人が新しい家を買ったばかりで、お客様自身が羨ましがっていると感情分析でわかったら、そのお客様に向けて『もしうちから製品を購入したらお客様の会社にとってメリットになって、それがお客様にとっても良い結果をもたらして、そしたら良い家が買えるようになりますよ』というように営業に活かすのです。」

　「それは人の意思を操るような行為ではないのでしょうか。売上だけが我々の優先事項ではありません。」

　本来 BAM 社のように、開発された AI が責任あるものかどうかという判断は、白黒つけられることではありません。もちろん、一部のユースケースにおいてはあからさまに非倫理的なものもあり、ほとんどの企業が守ろうとする社会的責任に反しているかもしれません。しかし、多くの場合、責任ある展開における不確実性においては、ツールが害を回避し、利益を提供するために十分に学習しているかどうかに焦点が当たることがあります。もし AI モデルが 50% の予測精度しか出せない場合、それを展開することは責任のあることなのでしょうか。その答えは場合によって異なります。

　例えば、MRI 画像を検証して、放射線医と同等かそれ以上の精度で腫瘍の小さな増殖を検出できるシステムを考えてみましょう。ただし、このシステムは検出率が高い一方で誤検出率も高く、予測精度が 50% だったとします。この予測精度はデータサイエンティストの基準としてはかなり低いものの、たとえ半数が間違っていたとしても、がんを早期発見したい患者にとっては、この AI はこの上なく貴重なものなのです。このようなツールを開発する組織にとって、責任とは用途と潜在的な価値の問題なのです。

　同様に、法執行機関に利用される顔認識システム（facial recognition systems）は、責任ある利用がどちらにも転ぶ可能性があります。もし法執行機関がプライバシーや人権を侵害するような方法で顔認識システムを使用するならば、その利用は無責任なものと言えます。しかし、もし同じシステムが人身売買の被害者を発見し救助されるように使われるならば、そのテクノロジーを用いることは道徳的な義務になるとも言えるのです。「完璧であることに囚われて、十分良いことを見失ってはいけない（Perfect should not be the enemy of the good）」と警告することは、このような倫理的な検討に合致するのです。

　共通的な善悪ではなく、個々の地域の社会的な慣習や、社会や市場のニーズ、企業文化と業務にとって重要な考え方は、責任という白黒つけがたい領域を切り開くことで明らかになります。

　したがって、AI ツールの導入が責任ある選択であるかどうかの判断は、役員から最も若手のデータサイエンティストまですべてのステークホルダが関わるべき企業全体の活動です。そのためには、多様な視点と実体験が必要です。また、各部門の優先順位を定め、それを周知させるための一貫した企業戦略も必要です。そして、AI を使用する際には「アカウンタビリティに関わる共通の意識」と「適切な配慮が必要であることの認識」が必要です。企業は、斬新な AI ソリューションを生み出せるかどうかだけではなく、本当にそれを利用してよいかどうかを検討しなければなりません。

責任ある AI チェックリスト

- あなたの組織は、ビジネス、ステークホルダ、エンドユーザー、そして社会や環境全般への影響という点で責任ある方法で AI を利用していますか？
- 潜在的なリスクを考慮した上で AI モデルを導入すべきかどうかを検討していますか。そのリスクを特定しましたか？　リスクを孕みながらも AI を使うか否かの意思決定に誰が関わりましたか？
- 責任ある AI の利用に係る意思決定を行うための戦略はありますか？

その戦略はビジネス上の慣習や価値観を反映していますか？　その戦略や価値観は多様な人々の考え方に基づいて検討されましたか？

- AI モデルが実現する価値は、引き起こす可能性のあるネガティブな結果を上回るようなものですか？　あなたの組織は、この AI モデルはそれだけの価値があるのかという問いに答えられますか？
- 環境保護、公平な社会、データ保護、そして公共の安全とウェルビーイングを考慮した AI モデルの利用について規定する法規制はありますか？
- ステークホルダは、AI モデルとの関わりにおいて考慮すべき責任があると気づけますか？　どのような動機づけがされていますか？　ステークホルダからのフィードバックや注意喚起を受け取るコミュニケーション手段はありますか？

責任ある AI の利用における先進的な取り組み

　ビジネスにおける倫理は、技術に左右されることのない、分野横断的に検討する必要のあることです。CSR の一般的なガイドラインや「社会的責任を果たしながら、同時に成功を収める（doing well while doing good）」の精神が適切ですが、特に AI においては責任ある AI の利用という複雑な論点について考える際に、企業が探求すべき取り組みが他にあります。このような議論や検討を進めるために、責任ある AI の利用における先進的な取り組みには次のものがあります。

理念に基づいた戦略で主導すること

　経営者は、企業のビジネス文化や価値観を決定するために重要な役割を持ちます。そのために、どのように AI ツールやユースケースを評価するかの原則を決めた方が良いでしょう。これは、抽象度が高いものではなく、具体的なものであるべきです。むしろ、すべてのステークホルダは、信頼できる AI の他の特徴と同様に、責任ある AI の利用に係る意思決定についての明確な指針が必要です。このためには、経営会議で企業戦略に沿って決められた倫理的な優

先事項が、組織全体そして大きなリスクを伴う AI の意思決定に関わる多くの専門家に伝達されることが望ましいでしょう。

AI アドバイザリボードに監視機能を持たせる

AI のアドバイザリボードは、経営陣が取り上げるほどではないものの、一部門で判断するよりも幅広い見解を要する事項について、適切なガイダンスを提供します。アドバイザリボードは、責任ある AI の利用を含めて、責任ある AI に関わるすべての要素について検討し、意見を評価します。例えば、調達の意思決定の見直し、ベンダによって構築された AI モデルがビジネス理念に合致しているかどうかを調査することなどが含まれます。また、AI モデルの精度が利用に十分であるか、利用によって何らかの損害が発生しないかを評価することも含まれるでしょう。

意図的な多様性を確立する

AI は、開発する人と選択されるデータによって形作られます。AI の責任ある利用に向けて、様々な声、視点、生活体験が必要とされます。私たちは皆偏見や知識の限界を持っています。多様性のあるチームは、AI ツールのあらゆる用途と誤用について考え、その機能と目的を形作ることに貢献するだけでなく、責任ある AI の利用が可能かどうかの議論にも貢献できます。

AI の評価プロセスを定義する

責任の評価は AI のライフサイクルの最後だけで行われるものではありません。ライフサイクルを通して実施されるべきです。アイデア検討から実際の運用までの各段階において、企業はプロジェクトをレビューし、意見を収集し、意思決定を行うポイントを確立することが必要になります。重要な理由の一つとして、一度 AI を学習すると、元に戻すことが難しいということが挙げられます。したがって、ライフサイクルそのものに責任ある利用に係る考察を含めることが望ましいのです。

責任から信頼を生む

　Elsa は、インターネットスクレイピングというアイデアをその場で却下しました。彼女や他の役員たちは、AI を利用する際の倫理原則について議論してきており、越えてはいけない一線を理解していました。ただし、データサイエンスチームがこのようなツールを発案したこと自体は非難されるべきではありません。イノベーションを起こし、競争優位を確立できるようなものを作ることが彼らの仕事なのです。彼女や他のメンバーが AI に関わるステークホルダと関わっていたからこそ、データサイエンスの取り組みを正しい方向へ導くことができたのです。

　彼女が思うに、それは理想的なシナリオでした。誰もが役割を持ち、人が理念に沿った行動をとることで、企業は AI が導入された後ではなく構想の段階から正しい選択をすることができるのです。潜在的な損害を防ぐだけではなく、より価値や責任のある AI の利用に向けて労力、時間、資金を確保することができます。

　AI が大規模に展開された場合、その影響は非常に大きなものとなります。このような強力なツールを使用する企業は、大きな影響力とインパクトをもたらすことができます。AI は、社会契約を強化し、AI 自体だけでなく、AI を利用する企業に対する信頼もこれまで以上に高めることができる、良い力になりうるのです。しかし、潜在的な損害や責任に係る重要な問題に十分に注意を払わなければ、その悪影響は事後になってしかわからないかもしれません。

　すべての企業は、何が正しいと考えられるのかを判断し、適用される法規制を評価し、サービスを提供する人々の社会的期待を見極める必要があります。そうして、何が責任ある AI の利用を構成するのかを把握することができるのです。

Trustworthy AI

サイエンスとは、私たちがコンピュータへ
指示できるほど十分に理解している事柄だ。
アートとは、私たちが行うその他すべてのこ
とだ。

　　　　　　Donald Knuth（ドナルド・クヌース）[a]

a　訳注：アルゴリズムの解析や設計、データ構造、コンパイラの理論など、コンピュータ科学のさ
まざまな分野において重要な貢献をしたアメリカの数学者・計算機科学者。

第11章　信頼できる AI の実現に向けて

　ここまで、私たちは信頼できる AI の考え方や性質について様々な側面から見てきました。次にすべきことは、ここまでに得られた気づきや情報を踏まえ行動に移すことです。信頼できる AI を推進するために必要な議論・戦略・プロセスは、その組織のビジネス・仕組み・AI のユースケースによって異なります。ある人にとって必要なことでも、別の人にとっては不要なことかもしれません。

　このことを認識したうえで、これまで見てきた様々な側面から得られた気づきを今後検討すべき指針として活用することが、企業が信頼できる AI を開発・デプロイするために必要な次のステップになります。しかし、AI に求められる基準・期待や AI を取り巻く法規制・運用環境が AI の利活用目的や企業のビジネスモデル・地域によって異なりうる以上、このステップを実行することは非常に困難でもあります。ある AI が 1 つのユースケースにおいて信頼できるからと言って、その信頼が他のユースケースにもそのまま当てはまるとは限らないのです。

　このように信頼できる AI は相当に複雑であるものの、企業がこの状況を打破するために役立つ普遍的なアプローチや原則は存在します。前章までに示したいくつかの先進的な取り組みは、組織が信頼できる AI を構築できるようにするための様々な手法でした。私たちは、それらを 1 つのモデルやユースケースに対して適用するだけでなく、企業の AI 戦略や運用管理を踏まえて多様な AI に適用する必要があるのです。それを実現する方法には、大きく 3 つのステップがあります。

ステップ1：信頼できる AI にとって必要な要素の決定

　AI の利活用を検討する際は、その AI がもたらすメリットを含めて検討したほうがよいでしょう。その際、信頼できる AI を開発するためには信頼するためのあらゆる要素が満たされていなくてもよいことを覚えておく必要があります。ある部品の調達時期をリアルタイムに予測するサプライチェーンモデルは、確実性や透明性など、一部の要素さえ満たしていれば十分です。なぜなら、もし AI が一貫性のない、あるいは極端に誤った予測をした場合、それは企業や AI 自体の信頼に大きな影響を及ぼすと考えられますが、公平性や安全性が欠落していてもそこまでの影響はないと考えられるためです。すべての組織がすべきことは、開発する AI がどのような目的・環境下で運用されるか、またその AI を信頼するために何が必要かを決定し、これらに即して AI が開発されるよう指揮することです。

　しかし、どの要素が信頼できる AI にとって必要なのかを、どのように判断すればよいのでしょうか。単に網羅的なチェックリストではそのような判断ができるほど十分ではありません。そうではなく、企業は役員やマネージャ、そして AI のライフサイクルに関わるすべての従業員から意見や懸念点をヒアリングすべきです。彼らの様々な視点・経験・職務は、信頼できる AI に何が最も必要かを決定するための、豊富なインサイトを提供してくれるでしょう。

　例えば、COO がある AI に関わるプライバシーやセキュリティなどの問題について何の懸念も感じていない場合でも、セキュリティの責任者は自身が持つ専門知識を駆使し、誰もが見逃している問題を特定できるかもしれません。行政などによるサービスを十分に受けていない地域で育った従業員は、他の人が気づかないような公平性や偏見に関わる問題を見出すことができるかもしれません。また、従業員だけではありません。取締役、顧客、その業界のオピニオンリーダー、さらには単なる一般市民も含み、すべてのステークホルダから意見を求めることが重要です。そういった多様な意見こそが、信頼できる AI を開発するために必要なのです。信頼できる AI にとって何が必要かを特定することはチームで取り組むべき内容であり、開発の初期段階で実施しつつ、かつ AI のライフサイクルを通じて定期的に実施していく必要があります。

ステップ2：人・プロセス・技術による信頼の醸成

　信頼できる AI のためにどのような要素が必要かを認識することで、組織は実際に行動を起こすための準備を整えることができます。ステップ2では、企業が持つ機能やリソースを俯瞰し、信頼性を高めるために形成または調整すべきことは何かを特定します。そして最終的に得られる検討事項やアクションは、人・プロセス・技術に分類することができます。

人

　企業の中で AI に関わる従業員は、何もデータサイエンスの専門家だけではありません。おそらく AI は非常に専門的な領域なのだろうという思い込みが、信頼できる AI の実現や、多くの視点やアイデアの採用を制限する要因になっていると考えられます。しかし実は、各事業部のリーダーや一般社員は重要な役割を担っており、彼らは信頼できる AI の実現のための取り組みがなぜ重要なのか、また会社の AI への取り組みにおいてどうすれば信頼性を向上させられるかを理解する必要があるのです。そしてそのためには、教育が必要不可欠です。

　リーダーは、信頼できる AI のために何が重要であるか理解した後に、それを従業員に伝える必要があります。その際には、単に信頼できる AI のために必要な要素として説明するだけでなく、それらが各従業員のそれぞれの業務においてどのように関連するのかも説明します。すなわち、従業員にはどの要素が彼らの業務にとって重要なのか、そしてなぜ重要なのか、さらには企業全体の信頼できる AI を開発・展開するための枠組みや努力の中で、従業員がどう関わっているのかを、詳細に説明する機会もしくはツールを提供する必要があるのです。同時に、従業員は AI のライフサイクルにおける自身の役割を把握し、受け入れる必要があるのです。

　これを達成するためのアプローチとして、定期的に従業員に対して実施している既存の倫理研修を拡充させることが挙げられます。またその他にも、彼らが知識を深めた後に、信頼される AI の実現を目指して具体的に何ができるかを考えるためのワークショップなどを行うことも有効かもしれません。

　しかし、誰がこのような教育を担当し、展開できるのでしょうか。言い換えると、企業内にいる誰が AI 開発における倫理や信頼に責任を負っているのでしょうか。企業は、自社内の AI 倫理を醸成するためにどのような役割を設け、どのような人材を配置することが適切かを意思決定する必要があります。様々な案が検討される中でどれが最も実行可能かつ最良かはその企業の事業内容や戦略目標に依拠するので、企業は最高信頼責任者または最高 AI 責任者のような役割を持つ人を雇い、経営レベルでの意思決定をすることが望まれます。もしくは倫理学者を雇いその権限を CEO など経営幹部の直下に置くというアプローチでもよいですし、ステークホルダを巻き込みながらワーキンググループを設置し、企業戦略に沿った AI ガバナンスであるかを監督する AI アドバイザリ委員会を立ち上げるというアプローチもあるかもしれません。

　まとめると、企業はこれまでに挙げたアプローチのうちどれが自社の AI 開発にとって最良かを判断する必要があります。その際に、信頼できる AI を開発するためには技術だけでなく人間による意思決定も重要であることを忘れてはなりません。企業は、従業員全員が信頼できる AI の構築に関わりが持てるよう支援する必要があるのです。また、これは企業だけでなく関係するベンダやサプライヤにまで及ぶかもしれません。企業が信頼できる AI を実現するための原則を遵守していることを第三者が理解すれば、彼らもその目標を尊重し、遵守することもありえるのです。

プロセス

　企業は AI の開発、デプロイ、運用のそれぞれのフェーズにおいて誰がステークホルダかをきちんと整理し、信頼できる AI に向けたプロセスを構築する必要があります。信頼できる AI の醸成は、その場限りの（または問題が生じた後の）努力では成りえません。ビジネス戦略や業務に取り入れてこそ成りえるのです。つまり、評価やレビューを実施するための体制の構築、教育を受ける機会の提供、役割や責任の設定、適切な支援やアドバイスを行う必要があるのです。

　最も重要なことは、AI 開発の検討から始まり、AI の設計・開発、果ては AI

製品を販売するためのベンダとの連携まで、あらゆる業務プロセスで AI の信頼や倫理に関する疑問が提起されるようになることです。企業が業務プロセスの一環として企業倫理や規制遵守に取り組むように、AI においても開発プロセスの一環として信頼できる AI に向けた規制を遵守する必要があります。

　すべてのプロセスに AI の信頼性を高めるための処置が必要になるわけではありませんが、どのプロセスが AI のライフサイクルに関係するかを判断できるのは企業だけです。すなわち、企業はすべてのプロセスを調査して AI との関係性を判断し、修正すべきプロセスを特定することで信頼できる AI に向けた取り組みを強化する必要があります。しかしそのためには、ステークホルダが AI の開発・使用・管理工程を十分に知れるよう情報提供に関わる統制とガバナンスの仕組みを構築する必要があります。さらに、AI 倫理に関する方針、信頼できるモデルを開発するための研修、倫理的な運用かどうかを測るための重要業績評価指標（Key Performance Indicators: KPI）も必要になります。

　一方、AI は規模が大きくなると同時に外部への影響も大きくなるので、企業はリスクを認識するだけでなく、管理する必要が生じます。リスク管理の根幹はリスク分析であり、その意味で企業のリスク評価チームが果たすべき役割は大きくなります。彼らは AI 倫理や AI が持つ機能に関する知識、そしてビジネス全体を管理する実務担当者からの専門的な意見を総合的に活用し、企業のリスクマネジメントの一環として AI リスク評価を行うことができるようになる必要があります。AI は道具箱の中の 1 つのツールに過ぎません。組織に対するリスクは、事業運営の構成要素として（そして事業運営とは区別せずに）評価されるべきなのです。

　リスクの 1 つに、規制コンプライアンス（regulatory compliance）があります。現在、世界各地で国別に様々な法規制が制定されていることは、AI を開発するうえでの大きな障害となっています。例えば国ごとに規制要件が異なる場合があり、企業にはビジネスを展開している場所のルールに沿った AI を開発・運用する責任が生じます。したがって、各国の法規制に詳しい企業の法務・コンプライアンスの専門家は、AI のリスク評価や倫理性を判断する際に重要なパートナーとなるのです。他にも、規制遵守を促進するビジネスグループ、リスク評価チーム、または政府関係者も考えられます。ビジネスを法律や

規制からの要請に沿うように導く責任が誰にあろうとも、彼らは AI のライフサイクルの一部であり、適切なプロセスを構築するためには彼らの知識が必要になるのです。

すべての規制や信頼できる AI を開発する方法が既に整っているわけではありません。AI の分野では多くのことが流動的であるため、守るべき規制も常に変更される可能性があります。そのような中で AI の倫理性や信頼性を証明する最も重要な方法の 1 つは、文書化です。文書化をすると、作業内容を明確化できるだけでなく企業が倫理的な AI 利活用を目指していることを、ルール制定を担う各国政府や国際機関に対し立証できます。文書化とは具体的には、実施した作業内容、経由した承認ステップ、承認者によるサイン、そしてその承認理由を記録することです。

また、文書化時には作業内容や役割を記録することも必要です。AI 開発の一翼を担ったエンジニア、AI ストラテジスト、ビジネスリーダーはそれぞれ誰なのでしょうか。彼らはプロセス要項を遵守し、企業倫理や企業戦略に沿った意思決定を行ったのでしょうか。AI には常に説明責任がつきまといますが、文書化することで説明責任を果たすことも可能になるのです。

技術

AI にはアニマ（anima）[b] がありませんが、それは AI の倫理性や信頼性を扱ううえで必要な要素ではありません。モデルの訓練に使用したデータ、モデルが持つアルゴリズム、モデル導入後の運用方法のすべてが、信頼できる AI であるかどうかに関係します。AI プロジェクトを発足させる前に、まずこれまで述べてきた AI の信頼性を確立するための必要な要素が十分に担保されたうえで AI を利活用できるかどうかを検証しなければなりません。より本質的なことを問いかけるならば、何かを作ることが可能だからといって、必ずしも作るべきとは限らないのではないでしょうか。

あるアルゴリズムが倫理的な判断のもと開発され使用されていると仮定すると、そこから得られるモデルも倫理的に信頼できると言えます。つまり、AI を

---

b　訳注：ラテン語で、生命や魂を指す語である。

開発するうえでどの技術を活用するかを決定することは重要な論点となります。さらに言えば、データも AI の基盤を成すものであるため、AI の信頼性や倫理性を厳密に検証するためには、モデルの学習時に使用するデータについても深く理解し、信頼できるようにすることが必要なのです。

技術は、透明性、説明可能性、プライバシーといった様々な信頼できる AI のための要素に影響を与えます。したがって、（すべてではなく）いくつかのケースにおいて信頼できる AI を開発するための最初の第一歩は、モデルがどのように動き、そしてなぜそのように動くのかを理解することです。このような理解が必要になるモデルは、ユースケースや企業の考える優先度により決まります。重要なのは、信頼できる AI のためにどのような技術が必要かを知り、その知識をもとに信頼・倫理の原則に準じた開発を行うことなのです。

AI の開発後は、倫理性を担保する技術に対してガードレールのような働きをする機能を必ず整備しなければなりません。すなわち、モデルが一定の信頼レベルから逸脱した動作をした場合に、ステークホルダが監視できるようなプロセスを構築するのです。AI 市場はまだ発展途上ですが、AI モデルと組み合わせて AI 監視を支援するサービスやソリューションの数は年々増えてきています。ある分析ツールは、データセットにはらむバイアスを調べたり、AI の出力を監査したり、モデルの出力結果がどのように計算されたかを説明することができます。

このように信頼できる AI を構築するための技術に焦点を当てると、複数のステークホルダの参加や、彼らがプロセスの中でそれぞれの役割をまっとうできるようにきめ細かく文書化することが必須であることがわかります。人、プロセス、技術が倫理的な AI を追求するために互いに連動したとき、AI が単に信頼できるようになるだけでなく、組織全体が信頼できるようになります。すなわち、その組織は信頼に値すると対外的に評価されることにつながるのです。

信頼できる AI のための行動ガイドライン

現代社会には、技術が適切に機能するための仕組みがたくさんあります。ルール、伝統、規制など、私たちが使用する技術を取り巻く様々な仕組みが存在

していますが、AI についてはこのような社会システムはまだ初期段階にあります。公共の利益のための行動を義務づける規制から、倫理的で信頼できる技術への消費者からの期待に至るまで、AI に関する社会システムは現在構築中なのです。このことは、AI を活用する先進的な企業にとってチャレンジングであると同時にチャンスでもあります。倫理的な AI を開発する道程は不透明で厳しいものかもしれませんが、道を切り開き、信頼できる AI を展開する組織になれば、AI という強力なツールを用いた社会システムを形成でき、加えて競争優位性を獲得することもできます。

　AI に関する社会システムがまだ確立されていない今日、企業は、未来の信頼できる AI の構築に向けて従業員の行動規範を示す方針を策定し、実際に行動を起こさせる必要があります。方針の策定と共に、多様性と持続可能性への配慮、そして労働者のスキルアップが、企業が喫緊で達成すべき 3 つの柱となります。

方針

　信頼できる AI のために重要な要素が何かを社内で協議したうえで、その要素をどの優先順位でどう取り扱うべきかについて AI 倫理方針で定めます。その際には、AI の有用性、正確性、信頼性の間にあるバランスを次のような観点で考慮する必要があります。例えば、AI ツールはどの程度まで透明であるべきなのでしょうか。どの程度の透明性があれば十分なのでしょうか。モデルは十分に頑健でしょうか。プライバシーリスクは軽減できているのでしょうか。また、そもそもその AI ツールを使うべきなのでしょうか。

　これらの観点を元に検討を重ねれば、信頼できる AI の実現のために策定した AI 倫理方針は技術の発展と共に企業文化に染み込んでいきます。ただし、そのためにはすべてのステークホルダが AI のライフサイクルにおける自身の役割を理解し、何かを意思決定する際の指針となる AI 倫理方針を理解しておく必要があります。そうすることで、会社の壁を越え、サードパーティベンダとの交流や契約の締結、業界の先行事例からの情報提供、AI に関わる社会システムの大きな進化に貢献することができるのです。

成功因子

　AI 利活用に以前から取り組んでいる企業でも、これから取り組む企業でも、AI プロジェクトを成功させるための 2 つの基本的な因子は多様性と持続可能性です。AI は人間社会を反映するものであり、AI ツールが効果を最大限発揮するためには、多様な人々を集め AI のライフサイクルを包括的に形成する必要があります。例えば諮問委員会を設立し、様々な経歴や知見を持つ専門家を招集します。そしてそれぞれの視点からの積極的な意見を求めます。多様性は信頼できる AI の根幹を成しており、適切に取り入れれば AI 開発を成功に導くことができるのです。

　一方、AI ソリューションは様々な事例に応用可能なだけでなく、持続可能でもあるべきです。企業のリーダーは長期的な影響を予想し、AI が持つ機能や企業にとっての価値、そして利用者が得る便益がそれぞれ最も良くなるようにAI を導入する必要があります。その際、モデルの学習に必要な膨大なコストを考慮するだけでなく、導入した AI が世間に与える影響を観察し、持続可能であるかを判断することが求められます。

人材育成

　AI は今後ますます強力になり、21 世紀の労働者はみな AI を活用できるようになる必要があります。AI のライフサイクルに参加する際に、高度な学位を持っていることは必須条件ではありません。その代わり、労働者は AI リテラシーを身に着けることが求められます。もし AI が持つ利便性やリスクについての基本的な理解を労働者が欠いていた場合、AI 倫理方針をどうして活用することができるでしょうか。企業の AI に関する取り組みに対し従業員が十分な知識を持って参加できるよう彼らの教育を行うことは、信頼できる AI に向けて必要不可欠な要素です。

次のステップへ

　AI を活用しているすべての組織が、日進月歩に変化する世の中で活動せざるを得ないことは、少し恐怖であると同時に刺激的なことかもしれません。現時点の AI が持つパワーやインパクトですら目を見張るものがありますが、私

たちはまだ世界を再形成する技術革新のスタート地点に立っているに過ぎない
のです。今はこれから大規模に展開される AI の黎明期にあり、これから新し
く開発される AI の信頼性をすべて担保できる方法はありません。したがっ
て、企業はイノベーションを起こすとき、信頼できる AI に向けて重要な要素
は何かを判断し、どのように人々をエンパワーし、プロセスを構築し、技術を
開発するかをすべて自ら計画しなければなりません。

　世界中で AI に関する意思決定を補助するためのガイドライン策定が取り組
まれています。ただ、意思決定に際し考慮すべき観点は AI を取り巻く問題、
ステークホルダの役割・責任、企業の AI 戦略など山ほどあり、非常に困難な取
り組みです。しかし、未来の社会技術システムは、このような難題に負けず AI
を開発し続けている組織によって形作られます。私たちには、そのシステムお
よび AI 自体を信頼できるものにする機会と責任があるのです。

Trustworthy AI

想像力は知識よりも大切だ。知識には限界
があるが、想像力は世界を包み込む。

Albert Einstein

（アルベルト・アインシュタイン）[a]

---

a　訳注：ドイツ出身の理論物理学者。光電効果の法則の発見と光量子仮説によりノーベル物理学
賞を受賞。その他、相対性理論やブラウン運動起源の解明など多大な業績を残した。

第12章　信頼できる AI の展望

　AI がもたらす未来は、まばゆいばかりです。AI のポテンシャルを最大限発揮させるべく、新たな境地を開拓し、イノベーションを起こさなければ解決できないような大きな課題に私たちは取り組んでいます。懸念材料はありますが、同時に大きなチャンスでもあります。AI に関わる人々は、未来を形作ると同時に、その過程で利益や市場のリーダーシップを獲得しています。そして、AI を使い始めたばかりの企業や、事業規模拡大や利益につながる道を切り開いている企業は数え切れないほどたくさんあるのです。

　AI のポテンシャルにワクワクするのは当たり前です。AI は私たちの世界を変貌させます。私たちは、新しいテクノロジーに携われる素晴らしい時代に生きています。しかし、私たちは AI の価値を追求するうえで、いくつかの厄介な問題や未解決の問題があることを認識し、冷静になる必要があります。その中には純粋に技術的なものもありますが、多くは人間特有の価値観、期待、願望に関わるものです。そして、その根底にあるのは信頼という要素です。

　倫理的な AI に最も重要なのはどのような資質なのか活発な議論が行われており、様々な意見が飛び交っています。しかし、単に重要な検討事項として倫理について考えるだけではおそらく不十分でしょう。私たちは、人間の価値観を反映した AI を望んでいるだけではありません。私たちが求めるのは、信頼できるツールなのです。

　ブレーキを踏めば車が止まるという確信があるように、AI が私たちの期待に応え、思い通りに振舞ってくれるという確信が必要なのです。そのためには信頼が必要であり、それはひとりでに生まれてくるものではありません。

　もちろん、これまで述べてきたように、AI への信頼を生む方法は 1 つではな

いのです。その中には、まだ誰も思いついていないような方法もたくさんある
でしょう。あるユースケースでは重要とされる信頼の特性が、別のユースケー
スでは無関係であることがあります。その違いを判断できるのは、これらのツ
ールを構築し使用する組織だけです。鉄則はありませんが、貴重なガイドライ
ンはあります。

　本書で紹介するフレームワークは、AI プロジェクトを調査し、関連する信頼
の特性を特定し、その知識を用いて AI ライフサイクル全体を修正および改善
するためのロードマップを提供するものです。すべての信頼できる AI は、共
通して次のような側面があります。

- 公平性と中立性
- 堅牢性と信頼性
- プライバシーの尊重
- 安全性とセキュリティ
- 責任とアカウンタビリティ
- 透明性と説明可能性

　組織がこれらの概念を精査し、AI の取り組みにとってどれが重要かを判断
するとき、AI を用いたオペレーションや機能に信頼を与える真の AI ガバナン
スに目を向ける準備が整います。これは、新しい職務と責任、従業員のトレー
ニング、AI 戦略とそれに伴う意思決定、および新しい技術要件につながりま
す。ガバナンスは、AI から最大の価値を引き出すためにビジネスを変革する
なかで生まれてくるものなのです。

　このアプローチによって嬉しい結果が得られるでしょう。それは、今後どの
ような法律や規制が制定されようとも、信頼できる倫理的なツールの構築と利
用に取り組む企業は、それらに対応する用意ができることです。政府の規則制
定を予測するのは困難であり、国によっても義務づけられる内容に違いが生じ
るでしょう。どのような状況にせよ、AI の信頼性に今から着目している企業
は、いずれ制定される法規制にも対応できるガバナンスの仕組みを構築するこ
とができます。

このような活動の結果、信頼できる AI が生まれるのです。

AI の醍醐味の 1 つは、その開発手法がますます洗練されていることです。今後も、新しいアプローチとモデルの種類が登場するでしょう。より高い計算能力を実現する技術も開発されるでしょう。私たちを取り巻く世界は、人類のイノベーションの歴史の中で唯一無二のテクノロジーによって再構築されることでしょう。

今から数十年後に歴史を学ぶ人々は、現在の私たちがコンピュータの発明を転換期だったと思うのと同じように、21 世紀初頭を転換期の瞬間として振り返ることでしょう。そのとき、私たちは AI の発展を可能な限り信頼できるものへと導いた責任ある案内人として見なされるのでしょうか。それは、私たちの行動と決断によって答えることができる問いです。この責任が最も重いと言えるのは、現在 AI を構築、活用している企業に他なりません。

この責任の重さはともすると行動や思考に躊躇いをもたらすものかもしれませんが、そうではなく私たちの責任感を行動の原動力としましょう。イノベーションは常に新しい問題を提起します。AI のような革新的なテクノロジーは、既存の仕組みを大きく変化させるものです。これには、時間と意図的な配慮が必要です。信頼の特性と、それが AI 活用にどのような影響を与えるか探求したことで、AI への取り組みにおいて適切な判断を下すために必要な知識を得ることができました。

その結果どうなるでしょうか。使用するツールが会社の価値観や市場の期待に沿うべきだということを知っています。AI ライフサイクルの各ステップを文書化し、体制とガバナンスを構築することで、AI を真に制御し、最も価値があり信頼できる可能性を引き出すことができます。戦略とプロセスが整備され、従業員は AI に対応し、トレーニングと教育から得られる知識と自信を備え、AI に対応する準備ができるでしょう。法令や規制に柔軟に対応できるようになり、投資に対するリターンが評価できるようになるでしょう。

AI への取り組みの指針として信頼性をとらえることができれば、これらすべては手の届くところにあるのです。

注

訳注：各章の1は、各章の前ページにある偉人の言葉の出典である。

序章

1. Alan Turing, "Computing Machinery and Intelligence," Mind 49 (1950): 433–460, https://www.csee.umbc.edu/courses/471/papers/turing.pdf.
2. Henry Ford, Ford News, February 1, 1922.

第1章

1. Marie Curie, Nobel Lecture, December 11, 1911, Nobel Prize Outreach AB 2021, https://www.nobelprize.org/prizes/chemistry/1911/marie-curie/lecture/.
2. David Schatsky, Craig Muraskin, and Ragu Gurumurthy, *Demystifying Artificial Intelligence* (Deloitte, November 4, 2014).
3. Quoc V. Le et al., "Building High-Level Features Using Large Scale Unsupervised Learning," *Proceedings of the 29th International Conference on Machine Learning* (2012).

第2章

1. Edsger W. Dijkstra, "The Humble Programmer," *Communications of the ACM* 15 (1972): 859–866.
2. Elisa Jillson, *Aiming for Truth, Fairness, and Equity in Your Company's Use of AI* (Federal Trade Commission, April 19, 2021).
3. John Rawls, *A Theory of Justice*, 2nd ed. (Harvard University Press, 1999).
4. Jon Kleinberg et al., "Algorithmic Fairness," *Advanced in Big Data Research in*

Economics, AEA Papers and Proceedings 108（2018）: 22-27.

5. Julia Angwin et al., "Machine Bias," *ProPublica*, May 23, 2016.

6. Jason Okonofua and Jennifer Eberhardt, "Two Strikes: Race and the Disciplining of Young Students," *Psychological Science* 26, no. 5（2015）: 617-624.

7. Tony Sun et al., "Mitigating Gender Bias in National Language Processing: Literature Review," *Proceedings of the 57th Annual Meeting of the Association for Computational Linguistics*（2019）: 1630-1640.

8. Will Douglas Heaven, "Predictive Policing Algorithms Are Racist. They Need To Be Dismantled," *MIT Technology Review*, July 17, 2020.

9. Jon Kleinberg, Sendhil Mullainathan, and Manish Raghavan, "Inherent Tradeoffs in the Fair Determination of Risk Scores," *Proceedings of the 8th Conference on Innovations in Theoretical Computer Science*（2016）https://arxiv.org/abs/1609.05807.

10. Aaron Klein, "Reducing Bias in AI-based Financial Services," Brookings Institution, July 10, 2020.

第 3 章

1. Steve Jobs, "Stanford Commencement Address," 2005, https://news.stanford.edu/2005/06/14/jobs-061505/.

2. "Healthcare's AI Future: A Conversation with Fei-Fei Li & Andrew Ng," Stanford HAI, April 29, 2021.

3. ISO, "Assessment of the Robustness of Neural Networks," ISO/IEC TR 24029-1: 2021.

4. Ronan Hamon, Henrik Junklewitz, and Ignacio Sanchez, "Robustness and Explainability of Artificial Intelligence," *JRC Technical Report*（European Commission, 2020）.

5. "Artificial Intelligence: An Accountability Framework for Federal Agencies and Other Entities," GAO, June 2021.

6. Tim G. J. Rudner and Helen Toner, "Key Concepts in AI Safety: Robustness and Adversarial Examples"（Center for Security and Emerging Technology, March 2021）.

7. Defense Innovation Board, *AI Principles: Recommendations on the Ethical Use of Artificial Intelligence by the Department of Defense*（U.S. Department of Defense, 2019）.

8. *Artificial Intelligence*（GAO, 2021）.

9. Yili Hong, Jie Min, Caleb King, and William Meeker, "Reliability Analysis of Artificial Intelligence Systems Using Recurrent Events Data from Autonomous Vehicles" (2021), https://arxiv.org/abs/2102.01740.

10. Louis Bethune et al., "The Many Faces of 1-Lipschitz Neural Networks" (April 2021), https://arxiv.org/abs/2104.05097.

第 4 章

1. Dorothy Stein, *Ada: A Life and a Legacy* (MIT Press, 1985), p. 128.

2. Nicholas Diakopoulos, "Accountability, Transparency, and Algorithms," in *The Oxford Handbook of Ethics of AI* (Oxford University Press, 2020), p. 198.

3. OECD, Recommendation of the Council on Artificial Intelligence, OECD/LEGAL/0449, 2019.

4. European Commission, "On Artificial Intelligence – A European Approach to Excellence and Trust," COM (2020) 65.

5. Heike Felzmann et al., "Towards Transparency by Design for Artificial Intelligence," *Science and Engineering Ethics* 26 (2020): 3333-3361.

6. High-Level Expert Group on AI, *Assessment List for Trustworthy AI (ALTAI)*, European Commission.

7. Ethan Bernstein, "The Transparency Trap," *Harvard Business Review*, October 2014.

8. Netherlands Action Plan for Open Government 2018-2020.

9. *Transparency and Responsibility in Artificial Intelligence: A Call for Explainable AI* (Deloitte, 2019).

第 5 章

1. John McCarthy, "The Little Thoughts of Thinking Machines," *Psychology Today* 17 (1983): 46-49.

2. Christoph Molnar, "Interpretable Machine Learning: A Guide for Making Black Box Models Explainable," 2019, https://christophm.github.io/interpretable-ml-book/.

3. Broad Agency Announcement, "Explainable Artificial Intelligence (XAI)," August 10, 2016.

4. Bryce Goodman and Seth Flaxman, "European Union Regulations on Algorithmic

Decision-making and a 'Right to Explanation,'" *2016 ICML Workshop on Human Interpretability in Machine Learning*, New York (2016).

5. Sandra Wachter, Brent Mittelstadt, and Luciano Floridi, "Why a Right to Explanation of Automated Decision-making Does not Exist in the General Data Protection Regulation," *International Data Privacy Law* 7, no. 2 (2017): 76.

6. Marco Tulio Ribeiro, Sameer Singh, and Carlos Guestrin, "'Why Should I Trust you?' Explaining the Predictions of Any Classifier" (August 2016), http://dx.doi.org/10.1145/2939672.2939778.

7. Upol Ehsan et al., "Expanding Explainability: Towards Social Transparency in AI Systems," *ACM CHI Conference on Human Factors in Computing Systems* (May 2021).

第 6 章

1. Isaac Newton, *Philosophiæ Naturalis Principia Mathematica* (1687).

2. Zhanna Malekos Smith and Eugenia Lostri, *The Hidden Costs of Cybercrime* (McAfee, 2020).

3. "AI: Using Standards to Mitigate Risks," 2018 Public-Private Analytic Exchange Program.

4. Beena Ammanath, David Jarvis, and Susanne Hupfer, *Thriving in the Era of Pervasive AI: Deloitte's State of AI in the Enterprise*, 3rd ed. (Deloitte Consulting, 2020).

5. Marco Barreno, "Can Machine Learning Be Secure?" In *Proceedings of the ACM Symposium on Information, Computer, and Communication Security*, March 2006; see also Blaine Nelson et al., "Exploiting Machine Learning to Subvert Your Spam Filter," In *Proceedings of First USENIX Workshop on Large Scale Exploits and Emergent Threats*, April 2008.

6. John Beieler, "AI Assurance and AI Security: Definitions and Future Directions," Office of the Director National Intelligence, presented at the Computing Research Association, February 2, 2020.

7. National Academies of Sciences, Engineering, and Medicine, "Implications of Artificial Intelligence for Cybersecurity: Proceedings of a Workshop" (Washington, DC: The National Academies Press, 2019), ch. 5.

8. Kevin Eykholt et al., "Robust Physical-World Attacks on Deep Learning Visual Classification" (2018), doi: 10.1109/CVPR.2018.00175.

9. Matt Fredrikson, Somesh Jha, and Thomas Ristenpart, "Model Inversion Attacks that Exploit Confidence Information and Basic Countermeasures" (2015), https://doi.org/10.1145/2810103.2813677.

10. Elham Tabassi et al. *A Taxonomy and Terminology of Adversarial Machine Learning* (National Institute of Standards and Technology, 2019).

11. Andrew Marshall, Raul Rojas, Jay Stokes, and Donald Brinkman, *Securing the Future of Artificial Intelligence and Machine Learning at Microsoft* (Microsoft, 2018).

12. Beena Ammanath, Frank Farrall, and Nitin Mittal, "It's AI's Turn for the DevOps Treatment," *The Wall Street Journal*, March 1, 2021. See also "MLOps: Industrialized AI," *Tech Trends 2021* (Deloitte Insights).

13. Marshall et al., *Securing the Future of Artificial Intelligence and Machine Learning at Microsoft.*

14. Ibid.

第 7 章

1. Margaret H. Hamilton, "Acceptance Speech by Ms Margaret H. Hamilton," Universitat Politècnica de Catalunya, BarcelonaTech. October 18, 2018, https://www.upc.edu/en/press-room/pdfs/acceptance-speech-by-margaret-h-hamilton.pdf.

2. Norbert Wiener, "Some Moral and Technical Consequences of Automation," Science 131, no. 3410 (1960): 1355–1358.

3. "Parents Upset After Stanford Shopping Center Security Robot Injures Child," ABC7 News, July 12, 2016.

4. Omri Gillath et al., "Attachment and Trust in Artificial Intelligence," Computers in Human Behavior, 115, February 2021.

5. Tim Nudd, "Tinder Users at SXSW Are Falling for This Woman, but She's Not What She Appears," Adweek, March 15, 2015.

6. "Who to Sue When a Robot Loses Your Fortune," Bloomberg, May 6, 2019.

7. Emma Strubell, Ananya Ganesh, and Andrew McCallum, "Energy and Policy Considerations for Deep Learning in NLP," In the 57th Annual Meeting of the

Association for Computational Linguistics, July 2019.

8. Stuart Russell, comment in "The Myth of AI: A Conversation with Jaron Lanier," Edge, November 14, 2014.

9. Iason Gabriel and Vafa Ghazavi, "The Challenge of Value Alignment: From Fairer Algorithms to AI Safety," in The Oxford Handbook of Digital Ethics (Oxford University Press, 2020).

10. Odds of Dying (National Safety Council, 2019).

11. Bryant Walker Smith, "Ethics of Artificial Intelligence in Transport," in The Oxford Handbook of Ethics of AI (Oxford University Press, 2020).

12. Pedro A. Ortega, Vishal Maini, and the DeepMind safety team, Building Safe Artificial Intelligence: Specification, Robustness, and Assurance (DeepMind Safety Research, 2018).

13. Smith, "Ethics of Artificial Intelligence in Transport."

14. David Leslie, Understanding Artificial Intelligence Ethics and Safety: A Guide for the Responsible Design and Implementation of AI Systems in the Public Sector (The Alan Turing Institute, 2019).

15. Ibid.

第 8 章

1. Dennis Gabor, *Inventing the Future* (Penguin Books, 1972).

2. Samuel Warren and Louis Brandeis, "The Right to Privacy," *Harvard Law Review* 4, no. 5 (1890): 193.

3. *Charles Katz v. United States*, 389 US 347, 88 S. Ct. 507, 19 L. Ed. 2d 576, 1967.

4. Herman Tavani and Hames Moor, "Privacy Protection, Control of Information and Privacy-Enhancing Technologies," *ACM SIGCAS Computers and Society*, 31, no. 1 (2001): 6.

5. Deirdre Mulligan, Colin Koopman, and Nick Doty (2016), "Privacy Is an Essentially Contested Concept: A Multi-dimensional Analytic for Mapping Privacy," *Philosophical Transactions of the Royal Society A*, 374 (2083).

6. *Artificial Intelligence and Privacy - Issues and Challenges* (Office of the Victorian Information Commissioner, 2018).

7. Yves-Alexandre de Montjoye et al., "Solving Artificial Intelligence's Privacy Problem," *The Journal of Field Actions Science Reports* 17（2017）.

8. Md Atiqur Rahman et al., "Membership Inference Attack Against Differentially Private Deep Learning Model," *Transactions on Data Privacy* 11（2018）.

9. Cameron Kerry, *Protecting Privacy in an AI-Driven World*（Brookings Institution, 2020）.

10. *California Consumer Privacy Act（CCPA）- A Quick Reference Guide to Assist in Preparing for the CCPA*（Deloitte, 2019）.

11. Leinar Ramos and Jitendra Subramanyam, *Maverick Research: Forget About Your Real World Data - Synthetic Data Is the Future of AI*（Gartner, 2021）.

第9章

1. Mohammed ibn-Musa al-Khwarizmi, *The Compendious Book on Calculation by Completion and Balancing*（820 CE）.

2. Joshua Kroll, "Accountability in Computer Systems," in *The Oxford Handbook of Ethics of AI*（Oxford University Press, 2020）.

3. Virginia Dignum, "Responsibility and Artificial Intelligence," in *The Oxford Handbook of Ethics of AI*（Oxford University Press, 2020）.

4. Jason Millar et al., "Accountability in AI: Promoting Greater Societal Trust," *Discussion Paper for Breakout Session, G7 Multistakeholder Conference on Artificial Intelligence*. December 6, 2018.

5. Kroll, "Accountability in Computer Systems."

6. John Villasenor, "Products Liability Law as a Way to Address AI Harms," *Brookings Institution Artificial Intelligence and Emerging Technology Initiative*, October 2019.

7. John Danaher, "Robots, Law and the Retribution Gap," *Ethics and Information Technology* 18（2016）: 299.

第10章

1. Grace Hopper, "Commencement Speech at Trinity College," 1987, https://newsfeed.time.com/2013/12/09/google-doodle-honors-grace-hopper-early-computer-scientist/.

2. Howard Bowen, *Social Responsibilities of the Businessman*（University of Iowa Press,

2013）.

3. Committee for Economic Development, *Social Responsibilities of Business Corporations* (June 1971).

4. Elena Chatzopoulou. "Millennials' Evaluation of Corporate Social Responsibility: The Wants and Needs of the Largest and Most Ethical Generation," *Journal of Consumer Behavior*, 20, no. 3 (2021).

5. Emma Strubell, Ananya Ganesh, and Andrew McCallum, "Energy and Policy Considerations for Deep Learning in NLP," In *the 57th Annual Meeting of the Association for Computational Linguistics*, July 2019.

6. AI and Compute, *OpenAI*, May 2018.

7. Matteo Cinelli et al, "Echo Chambers on Social Media: A Comparative Analysis" (2020). DOI: https://arxiv.org/abs/2004.09603.

8. Tom Slee, "The Incompatible Incentives of Private-Sector AI," in *The Oxford Handbook of Ethics of AI* (Oxford University Press, 2019).

第 11 章

1. Donald Knuth, "Forward," in *A=B* (1997), https://www2.math.upenn.edu/~wilf/AeqB.pdf

第 12 章

1. George Sylvester Viereck, "What Life Means to Einstein: An Interview by George Sylvester Viereck," *The Saturday Evening Post*, October 26, 1929.

監訳者あとがき

　「人間とは（　）な唯一の動物である」の（　）にみなさまでしたら、どのような言葉を入れますでしょうか[a]。

　かつては人間だけが言葉を使う、道具を使うと考えられていましたが、今は違います。計算はもはや計算機にはかないません。数学ができる人を「コンピュータのようだ」と、かつて人間を手本としていたものを、今では人間が手本にするような表現がされることもあります。

　2022 年末に ChatGPT が公開され大きな話題となっています。質問を打ち込むとまるで生身の人間のような回答を返してくれます。ときには人間の回答能力を超えると思われる網羅的な回答を瞬時に返してくれる場合もあります。

　イギリスの数学者、Alan Turing（アラン・チューリング）が考案したチューリングテスト（Turing Test：人間とコンピュータとそれぞれ会話をして、その応答からどちらが人間でどちらがコンピュータか判断するテスト）というものがありますが、あなたは人間代表として、Chat GPT と応答する側で対決するとしたら、Chat GPT に人間らしさで勝てる自信はありますでしょうか。

　このように近年の AI は急速に進歩しており、人間の一部の能力を超越するほどの能力を獲得しています。それに伴い、自動応答や自動運転など社会およびビジネスの現場での実装も始まっています。

　一方で、AI の出力が正確な情報ではないことやバイアスが入るなどの懸念

---

a　ブライアン・クリスチャン、*The Most Human Human*、2011（邦訳：吉田晋治 訳、『機械より人間らしくなれるか』、草志社）より引用。

もあります。人間がこの AI の出力を意思決定の支援として利活用することを考えると、AI とのうまい「つきあいかた」を特性別に検討しておくことが必要です。

　企業・ビジネスにおける利活用においては、企業の信用に関わるため特に留意が必要になります。

　本書の原書のタイトルは「信頼できる AI（Trustworthy AI）」ですが、信頼性（Trustworthiness）とは、単純に Reliability ではないと言われます。

　ISO（International Organization for Standardization：国際標準化機構）では、検証可能な方法（測定可能性および客観的証拠による実証可能性が含まれる）で利害関係者の期待に応える能力とされています[b]。

　コンテキストまたはセクターに応じて、また使用される特定の製品またはサービス、データ、テクノロジー、およびプロセスに応じて、様々な特性が適用され、利害関係者の期待が確実に満たされるようにするための検証が必要だとされています。この特性には本文中にもありますが、例えば、説明責任、正確性、真正性、可用性、制御可能性、完全性、プライバシー、品質、信頼性、回復力、堅牢性、安全性、セキュリティ、透明性、使いやすさなどが含まれます。

　しかし、この Trustworthiness のすべての特性に対応しないと AI を使っていけないということではありません。AI がその使われる場面によって、どのような特性があるのかを把握し適切に対処することが重要です。

　その際に、本書で挙げられている特性ごと、企業活動の場面ごとの留意点チェックリストは日本企業においても大変参考になるものであると思います。この AI を扱ううえでの留意点は、決して AI の利活用を妨げようとするものではありません。逆に他のイノベーティブな発明技術を使うときと同様に、この世界を変えるポテンシャルを有する AI の利活用が進むことを期待したものです。

　さて、Deloitte Tohmatsu Group では、「AI ガバナンスサーベイ」レポートを

---

b　ISO/IEC TS 5723: 2022（en）Trustworthiness - Vocabulary

2018年から毎年発表をしています。これはアンケート調査および個別のヒアリングを行い、日本の主要企業のAI利活用の実態とAIのリスクへの対応状況についてまとめたレポートです。

2023年4月に発行した最新のレポート[c]では、日本企業でもPoC（Proof of Concept：概念検証）の段階を越えて、運用フェーズへ移行している企業が多くみられるという結果が得られています。

AI活用時のリスク識別・コントロール状況については、昨年と比較して「全社的にではないものの対処ができている」企業の割合が微増しているものの、リスク対応については依然として課題がある企業が多いという結果が得られています。

個別には、精度劣化（時間の経過によりAIの予測精度が劣化してしまうリスク）や敵対的事例（AIに対し悪意ある入力を行い判断ミスをさせることにより、事故を誘発したり社会的非難を受けるリスク）、データ汚染（悪意の有無にかかわらず、不適切なデータを学習させることにより、AIに判断ミスをさせ、事故を誘発したり社会的非難をうけるリスク）については、アンケート対象企業のうち30%は対応ができているという回答を得ました。

一方、公平性（AIが特定の性別や国籍などのグループに不公平な判断を行うことにより、社会的な非難を受けるリスク）については最も対応が進んでいないという回答となっていました。本書の第2章にもありましたが、人材採用にAIを使ってスクリーニングを行う企業では、実際に公平性の問題により会社の評判が棄損したケースもあります。

日本企業の文化に基づき、現状は総じて、信用失墜しないよう極めて慎重にAIを使い始めている状況が伺えますが、日本企業でも本番運用が進む中で早期にAIのリスクへの対応が求められることは必至で、技術的な側面だけでなくガバナンス体制を含めた企業の経営面からの対応が求められています。

私たちDeloitte Tohmatsu Groupでは、Deloitte AI Instituteを中核としてAIの専門家を多く有しています。しかしそのAI専門家だけでなく、財務、ガバナンス、法務および各業界に精通したプロフェッショナルにより、日本の企

---

c 「AIガバナンスサーベイ2023」、Deloitte AI Institute, https://www2.deloitte.com/jp/ja/pages/deloitte-analytics/articles/ai-governance-survey.html

業と経済社会の発展のために、AI のさらなる活用推進の力になりたいと日々
活動しています。その結果として、Deloitte Tohmatsu Group では The Age of
With（人と AI が協調する社会）が実現されることを期待しています。

　本書が、AI への理解をさらに深め、AI を社会やビジネスの現場で効果的か
つ安心して利活用するための一助となれば幸いです。

Deloitte Tohmatsu Group パートナー

Deloitte Analytics 事業ユニット長　神津友武

訳者謝辞

　本書出版に向けて様々な方にご支援やご尽力をいただきました。特にデロイト トーマツ コンサルティング合同会社の松本敬史氏に感謝申し上げます。豊富な知見や経験からのアドバイスにより、本書をよりよいものにすることができました。

　また、デロイト トーマツ コーポレート ソリューション合同会社 C&I/BM Consulting Marketing チームの大矢久美子氏、宇戸晴子氏をはじめとしたみなさまにお礼申し上げます。本書出版に際し、契約等の各種手続きに助力いただき、円滑に進めることができました。

　さらに、今回の日本語訳出版において編集を担ってくださった共立出版株式会社編集部の大越隆道氏をはじめとしたみなさまにお礼申し上げます。翻訳者が多岐にわたるなか、細やかなサポートやフィードバックにより、出版までこぎつけることができました。

　最後に、本書が AI の進化と普及に伴う社会的リスクへの適切な対処を促し、AI と共生する社会実現の一助となることを願ってやみません。

2023 年 8 月
監訳者、翻訳者一同

索　引

【監訳者紹介】

森 正弥（もり まさや）

1998 年、慶應義塾大学経済学部卒業。アクセンチュア株式会社、楽天株式会社を経て、現在、デロイト トーマツ グループ パートナー／DAII 所長、東北大学特任教授、東京大学協創プラットフォーム開発 顧問、日本ディープラーニング協会 顧問。著訳書に、『ウェブ大変化 パワーシフトの始まり』（近代セールス社、2010）、『AI フロンティア』（共著、日経 BP 社、2019）、『大前研一 AI & フィンテック大全』（共著、プレジデント社、2020）、『両極化時代のデジタル経営―ポストコロナを生き抜くビジネスの未来図―』（分担執筆、ダイヤモンド社、2020 年）、『パワー・オブ・トラスト―未来を拓く企業の条件―』（分担執筆、ダイヤモンド社、2022 年）、『グローバル AI 活用企業動向調査 第 5 版』（共訳、デロイト トーマツ社、2022 年）など。

神津友武（こうづ ともたけ）

1998 年、早稲田大学大学院理工学研究科修了。米コロンビア大学宇宙物理学研究室研究員、デロイト トーマツ コンサルティング、有限責任監査法人トーマツを経て、現在デロイト トーマツ グループ パートナー／デロイトアナリティクス 事業ユニット長。著訳書に、『ビジネスブロックチェーン』（監修、日経 BP 社、2016）、『両極化時代のデジタル経営―ポストコロナを生き抜くビジネスの未来図―』（分担執筆、ダイヤモンド社、2020 年）、『リスクマネジメント 変化をとらえよ』（共著、日経 BP 社、2022 年）など。

【訳者紹介】

清水咲里（しみず さり）

1993 年、東京大学農学部農業工学科卒業（環境調節工学）、日本アイ・ビー・エム株式会社入社。ソフトウェア開発研究所にてトランザクション管理やビジネスプロセス統合などのソフトウェア製品の開発に従事。その後、データインサイト、アナリティクスを主軸とした構想策定、オペレーション設計の IT コンサルタントとして活動し、2020 年よりデロイト トーマツ コンサルティング合同会社にて AI 戦略策定のコンサルティングを担当。2022 年より同社ディレクター。現在に至る。経済産業省認定 IT ストラテジスト／システム監査技術者。訳書に『レイティング・ランキングの数理』（共訳、共立出版、2015）、『Eclipse モデリングフレームワーク』（共訳、翔泳社、2005）など。

山本優樹（やまもと ゆうき）

2008 年、東京工業大学大学院総合理工学研究科物理情報システム専攻修了。ソニーグループ株式会社の国内および米国の研究拠点にて、AI 等の先端テクノロジーの研究開発および同成果の製品・サービス・国際標準への導入に携わったのち、現在、有限責任監査法人トーマツ シニアマネジャー／東京大学客員研究員。企業のビッグデータ分析、AI のビジネス導入、AI 活用に向けた組織構築・人材育成、AI の活用に伴う社会的なリスクの回避に向けた AI ガバナンスの実践等の経験を通じ、テクノロジーとデータを活用したビジネスの改善に取り組む。近年は生成 AI の社会導入と AI ガバナンスの実践の高度化に関する調査研究に従事。

大音竜一郎（おおと りゅういちろう）

2019 年、大阪府立大学大学院（現 大阪公立大学大学院）工学研究科電子・数物系専攻電子物理工学分野修了。ダイキン工業株式会社、有限責任監査法人トーマツを経て、2022 年よりデロイト トーマツ コンサルティング合同会社に勤務、現在に至る。

老川正志（おいかわ まさし）

1999 年、東京工業大学工学部情報工学科卒業。2001 年、東京工業大学大学院情報理工学研究科計算工学専攻修了。みずほ情報総研（現 みずほリサーチテクノロジーズ）、IBM ビジネスコンサルティングサービス株式会社（現 日本アイ・ビー・エム株式会社）、オーケー株式会社を経て、現在デロイト トーマツ コンサルティング合同会社、情報処理技術者試験委員。著訳書に、『グローバル AI 活用企業動向調査 2021』（共訳、デロイト トーマツ社、2021 年）。『グローバル AI 活用企業動向調査 第 5 版』（共訳、デロイト トーマツ社、2022 年）。『Tech Trends 2023 日本版 Perspective』（共著、デロイト トーマツ社、2023 年）など。

中島拓海（なかじま たくみ）

2022 年、名古屋大学大学院理学研究科素粒子宇宙物理学専攻修了。同年よりデロイト トーマツ コンサルティング合同会社に勤務、現在に至る。

信頼できる AI へのアプローチ
―AI 活用で踏まえておきたい
9 つのチェックポイント―

原題：*Trustworthy AI:*
A Business Guide for Navigating
Trust and Ethics in AI

2023 年 10 月 30 日　初版 1 刷発行

著　者	Beena Ammanath （ビーナ・アマナス）
監訳者	森　正弥・神津友武　　　©2023
訳　者	清水咲里・山本優樹・大音竜一郎 老川正志・中島拓海
発行者	南條光章
発行所	**共立出版株式会社**
	〒112-0006 東京都文京区小日向 4-6-19 電話　（03）3947-2511（代表） 振替口座　00110-2-57035 URL　www.kyoritsu-pub.co.jp
印　刷	精興社
製　本	ブロケード

検印廃止
NDC 007.13, 007.3
ISBN 978-4-320-12570-4

一般社団法人
自然科学書協会
会員

Printed in Japan